Yitayal Tebeje

Estimativa do stock de carbono das florestas para a atenuação das alterações climáticas

Yitayal Tebeje

Estimativa do stock de carbono das florestas para a atenuação das alterações climáticas

ScienciaScripts

Cover image: www.ingimage.com

This book is a translation from the original published under ISBN 978-3-659-82348-0.

Publisher:
Sciencia Scripts
is a trademark of
Dodo Books Indian Ocean Ltd. and OmniScriptum S.R.L publishing group

120 High Road, East Finchley, London, N2 9ED, United Kingdom
Str. Armeneasca 28/1, office 1, Chisinau MD-2012, Republic of Moldova, Europe
Managing Directors: Ieva Konstantinova, Victoria Ursu
info@omniscriptum.com

Printed at: see last page
ISBN: 978-620-8-38013-7

Índice

Resumo

*Os ecossistemas florestais são, a nível mundial, uma das principais reservas de carbono terrestre. As principais fontes de emissão de GEE na Etiópia são causadas por alterações na utilização dos solos e desflorestação para produção de energia a partir de biomassa (carvão vegetal, estrume, resíduos, etc.) e conversão de florestas em terras agrícolas para satisfazer a escassez da procura de alimentos. Este estudo foi realizado com o objetivo de determinar o potencial da floresta estatal de Sekelemariam em termos de sequestro de carbono, especificamente; forneceu uma estimativa da quantidade de vegetação (árvore) e uma avaliação do carbono do solo do local de estudo. O local de estudo foi estratificado em função dos gradientes altitudinais. Neste estudo, foi adoptada uma técnica de amostragem sistemática por transectos e, na sequência destes transectos, foram criadas parcelas de 10m*20m para recolher dados sobre a vegetação e o solo no terreno. As árvores foram registadas juntamente com as suas medidas biológicas correspondentes - diâmetro à altura do peito, altura, nomes vernáculos e código de identificação. Assim, a densidade, a frequência e a frequência relativa das árvores foram calculadas para identificar as espécies mais e menos dominantes na floresta. A análise dos dados foi efectuada com recurso à folha Microsoft Excel, utilizada como plataforma nos cálculos da biomassa e do carbono, e ao software SPSS versão 16 para determinar o impacto dos factores altitude e declive nos valores médios de carbono dos diferentes reservatórios de carbono e para comparar a relação entre as variáveis dependentes e independentes. As biomassas acima e abaixo do solo, bem como os stocks de carbono correspondentes, foram estimados em 239,75 20,00 AGB t ha^{-1} ,119,88 4,81 t C ha^{-1} e 48,68 3,98 t BGB ha^{-1} , 24,34± 1,99 t C ha-1, respetivamente. Factores ambientais como o declive e a altitude gradientes foram avaliados neste estudo. Ao contrário dos stocks de carbono acima do solo e da folhada, que não têm padrões uniformes, o stock de carbono do SOC mostrou uma tendência crescente com o aumento da altitude. A análise laboratorial do solo e das plantas (folhada) foi efectuada no Centro de Investigação Agrícola de Holeta para determinar o carbono orgânico do solo e a densidade aparente, bem como as reservas de carbono da folhada, tendo sido estimadas em 101,56± 3,66 t C ha^{-1} para o solo e 3,69± 0,42 t C ha-1 para a folhada. O potencial médio global de armazenamento de carbono do sítio de estudo para todos os reservatórios de carbono foi calculado em 249,48± 11,97 t C ha .$^{-1}$*

Palavras-chave: *estoque de carbono da biomassa acima do solo, estoque de carbono da biomassa abaixo do solo, seqüestro de carbono, Floresta Estadual de Sekelemariam,*

Agradecimentos

Diferentes pessoas e gabinetes contribuíram de várias formas para a realização desta tese, pelo que merecem os meus sinceros agradecimentos. Em primeiro lugar, a minha mais profunda gratidão ao meu orientador, Dr. Teshome Soromessa, pela sua constante orientação científica, encorajamento, imenso apoio e sugestões sempre que precisei. Em segundo lugar, a minha sincera gratidão e os meus sinceros agradecimentos são extensivos aos funcionários e trabalhadores do Gabinete Nacional de Agricultura e Desenvolvimento Rural da Região de Amhara pelo seu apoio fundamental na disponibilização de todos os equipamentos e dispositivos necessários para o trabalho de campo durante a minha recolha de dados.

Gostaria também de agradecer ao projeto temático de investigação em biologia animal pelo seu apoio financeiro à análise do solo e das plantas. Além disso, gostaria de agradecer ao Centro de Investigação Agrícola de Holeta pela sua cooperação na realização e identificação da concentração de carbono no solo e nas plantas. Gostaria também de agradecer ao Centro de Ciências Ambientais da Faculdade de Ciências Naturais da Universidade de Adis Abeba por fornecer informações básicas e cartas oficiais aos serviços e organismos envolvidos, facilitando as minhas actividades de investigação, especialmente durante a recolha de dados.

Estou sinceramente grato ao meu irmão Habtamu Tebeje (candidato a doutoramento) por ter lido e feito comentários construtivos ao meu projeto e pelo seu forte encorajamento no meu trabalho de investigação. Por último, mas não menos importante, gostaria de agradecer ao meu tio Ato Belay Amanu, supervisor do controlo da qualidade da educação no distrito de Dembecha, pela sua forte e esperançosa motivação e encorajamento no meu trabalho de investigação. Por último, estou grato à minha família pela sua incessante e inestimável contribuição ao longo de toda a minha vida e até chegar aqui hoje.

LISTA DE ACRÓNIMOS

AGB Above Ground Biomass

BD Bulk Density

BGB Below Ground Biomass

CDM Clean Development Mechanism

DBH Diameter at Breast Height

DOM Dead Organic Matter

EFAP Ethiopian Forestry Action Program

EPA Environmental Protection Agency

GDP Growth Domestic Product

GHGs Green House Gasses

GPS Global Positioning System

IPCC Intergovernmental Panel on Climate Change

LB Litter Biomass

LC Litter Carbon

LULUCF Land Use, Land Use Change and Forestry

NPP Net Primary Productivity

PPMV Parts Per Million by Volume

REDD Reduced Emission from Deforestation and Degradation

SOC Soil Organic Carbon

SOM Soil Organic Matter

UNEP United Nations Environmental Program

UNFCCC United Nations Framework Convention on Climate Change

GtC Gigatons of Carbon

WBISPP Woody Biomass Inventory and Strategic Planning Project

1. INTRODUÇÃO

1.1 Antecedentes

A questão das alterações climáticas globais tornou-se uma questão central e uma preocupação mundial para todas as pessoas a nível local, regional, nacional e internacional. O aquecimento global e as alterações climáticas surgem devido ao efeito de estufa/emissões de gases com efeito de estufa (GEE) resultantes dos efeitos das actividades de desenvolvimento em vários sectores de atividade, incluindo a utilização dos solos, as alterações na função e atribuição das florestas, os incêndios florestais e terrestres, a diminuição da qualidade das florestas devido à utilização descontrolada, bem como a queima de energia fóssil (Wibowo et al., 2010).
O aquecimento global é um dos principais problemas ambientais do mundo. De acordo com o (IPCC, 2007), este fenómeno está a afetar o clima global através do aumento da temperatura da Terra e é causado principalmente pelo aumento das concentrações atmosféricas de gases com efeito de estufa (GEE). O mais comum dos quais é o dióxido de carbono (CO_2). Ao aperceber-se da ameaça do aquecimento global, a Organização das Nações Unidas (ONU) criou o Painel Intergovernamental sobre as Alterações Climáticas e estabeleceu o Protocolo de Quioto (da Convenção-Quadro das Nações Unidas sobre as Alterações Climáticas - CQNUAC) como o primeiro acordo internacional sobre a mitigação dos GEE. O objetivo deste protocolo é reduzir os GEE dos países comprometidos em pelo menos 5% em relação ao nível de 1990 no período de 2008 a 2012. Para reduzir os GEE na atmosfera, são relevantes duas actividades-chave (IPCC, 2007): reduzir as emissões antropogénicas de CO_2 e criar ou promover sumidouros de carbono (C) da biosfera. A segunda opção propõe o armazenamento do C atmosférico na biosfera e, neste contexto, os sistemas de utilização dos solos, como a agrofloresta, têm uma importância considerável.

A desflorestação tropical e a degradação florestal têm suscitado interesse a nível mundial no que respeita à atenuação das alterações climáticas. Com efeito, as florestas tropicais são importantes reservatórios de carbono, que representam cerca de 40% do carbono terrestre armazenado, e suportam uma grande reserva de carbono sob a forma de biomassa, mas libertam mais CO_2 quando são perturbadas (Dixon et al., 1994).
A emissão antropogénica de dióxido de carbono conduz ao aquecimento global e às alterações climáticas que afectam a biodiversidade e desestabilizam a segurança alimentar e dos meios de subsistência. O aumento do CO_2 atmosférico deve-se à queima em grande escala de petróleo, carvão e gás natural, que são as fontes de energia das economias industriais modernas, e à desflorestação (Malhi e Grace, 2000). As florestas são um dos

principais reservatórios de carbono, uma vez que as plantas fixam o carbono atmosférico nos tecidos, transformando assim o carbono da atmosfera para os sistemas biológicos. O potencial de acumulação de carbono nas florestas é grande e o período de retenção de carbono é longo (Malhi e Grace, 2000), pelo que oferecem a possibilidade de sequestrar quantidades significativas de carbono adicional num período relativamente curto e de o manter durante muitos anos.

O fluxo líquido de carbono entre a floresta e a atmosfera determina se as florestas são fontes ou sumidouros de carbono. A estimativa da biomassa em pé nas florestas ajuda a compreender as reservas de carbono, o conhecimento da dinâmica é útil para avaliar o potencial de fixação de C do povoamento e classificá-lo como fonte de C, sumidouro de C ou em estado estável de C (Malhi e Grace, 2000).

O sequestro de carbono num ecossistema florestal é um importante fator determinante das reservas de carbono locais e regionais. Envolve numerosos componentes, incluindo o C da biomassa e o carbono orgânico do solo (SOC). A biomassa é o material orgânico que inclui tanto a biomassa acima como abaixo do solo.

O sequestro de carbono (SC) refere-se à provisão/ação de armazenamento a longo prazo de carbono na biosfera terrestre, no subsolo ou nos oceanos, de modo a que a acumulação da concentração de dióxido de carbono na atmosfera diminua ou abrande. Mas, por outras palavras, pode ser definido como a remoção do carbono (C) da atmosfera através da sua armazenagem na biosfera. A nível terrestre, o carbono é armazenado na vegetação e no solo. As plantas armazenam carbono enquanto vivem, em termos de biomassa viva. Quando morrem, a biomassa passa a fazer parte da cadeia alimentar e acaba por entrar no solo como carbono do solo. Se a biomassa for incinerada, o carbono é reemitido para a atmosfera e fica livre para circular no ciclo do carbono.

O sequestro de carbono é a extração do dióxido de carbono atmosférico e o seu armazenamento nos ecossistemas terrestres durante um período de tempo muito longo - muitos milhares de anos. As florestas oferecem algum potencial para serem geridas como sumidouros, ou seja, para promoverem o sequestro líquido de carbono (IPCC, 2001a).

As florestas são cruciais para os factores ecológicos, regulando o clima e os recursos hídricos. Desempenham um papel crucial no ciclo global do carbono e oferecem um potencial significativo de captura e retenção de carbono. Os ecossistemas florestais armazenam quase dois terços do C terrestre e têm uma maior densidade de C (massa de C por hectare) do que quaisquer outras utilizações do solo (Zhu et al., 2008). As florestas armazenam 20-25 vezes mais C ha^{-1} do que os terrenos limpos e podem perder-se 100-200MgC ha^{-1} em resultado da desflorestação.

Existem quatro componentes de armazenamento de carbono num ecossistema florestal. São elas as árvores, as plantas que crescem no solo da floresta (material do sub-bosque), os detritos, como a folhagem e outras matérias em decomposição no solo da floresta, e os solos florestais. O carbono é sequestrado no processo de crescimento das plantas, uma vez que o carbono é capturado na formação das células vegetais e o oxigénio é libertado. À medida que a biomassa florestal cresce, o carbono retido no stock florestal aumenta. Simultaneamente, as plantas crescem no solo da floresta e aumentam este armazenamento de carbono. Além disso, os solos florestais podem sequestrar parte do lixo vegetal em decomposição através de interações entre as raízes e o solo (Singh e Singh, 1987).

No ano 2000, a biomassa total nas florestas da Etiópia (naturais e de plantação) foi estimada em 363 milhões de toneladas (79 t/ha), enquanto o volume total foi estimado em 259 milhões de metros cúbicos (56 m3/ha). No mesmo ano, as florestas produziram 2.459 mil metros cúbicos de madeira redonda industrial, 60 mil metros cúbicos de madeira serrada, 25 mil metros cúbicos de painéis de madeira (FAO, 2001a) e cerca de 98 milhões de metros cúbicos de madeira para combustível. Estes números mostram que a utilização mais significativa da madeira na Etiópia, em termos de volume, é para combustível.

Alguns estudos de caso mostram valores de densidade de carbono mais elevados, de cerca de 200 toneladas ha^{-1}, do que as estimativas baseadas no WBISPP para florestas altas nas montanhas de Bale (Tsegaye Tadesse, 2010). De acordo com a FAO (2006), os recursos florestais da Etiópia armazenam cerca de 2,76 mil milhões de toneladas de carbono, desempenhando um papel significativo no balanço global do carbono. A maior reserva de carbono no país encontra-se nas florestas (46%) e nos arbustos (34%), enquanto as florestas altas armazenam cerca de 16%. As negociações REDD e outras políticas e projectos relacionados com o carbono não devem negligenciar os recursos das florestas e dos arbustos. Do mesmo modo, as árvores fora das florestas são frequentemente ignoradas.

1.2 Declaração do problema

A monitorização a longo prazo mostrou que a quantidade de CO_2 na atmosfera está a aumentar devido às actividades humanas. Este facto está a provocar o aquecimento da Terra e a acidificação dos oceanos. A não ser que a quantidade de CO_2 e de outros gases com efeito de estufa emitidos para a atmosfera possa ser reduzida drasticamente, os cientistas prevêem que a temperatura da Terra continuará a aumentar, o que provocará alterações climáticas, a subida do nível do mar e a deterioração dos ambientes oceânicos e terrestres. o CO_2 entra e sai da atmosfera de várias formas. Por exemplo, as plantas vivas absorvem e utilizam o CO_2 para produzir energia e os animais exalam o CO_2 resultante da utilização de energia. As invenções humanas e a industrialização aumentaram consideravelmente a quantidade de CO_2 na atmosfera, o que tem como consequência o rápido aumento do aquecimento com efeito de estufa. Além disso, a limpeza dos terrenos reduziu a capacidade da terra para absorver o excesso de CO_2 (uma vez que há menos vida vegetal para ajudar na regulação natural). Todas estas actividades contribuem para aumentar a quantidade de CO_2 na atmosfera.

Embora as florestas tenham um grande potencial de armazenamento de carbono, muitas vezes não lhes é dada a devida atenção por investigadores e organizações de desenvolvimento e pelo governo responsável, no que diz respeito ao carbono e às alterações climáticas em geral (Yitebitu Moges et al., 2010). A perspetiva de acesso às finanças do carbono para a Etiópia é muito grande, tendo em conta os seguintes factos. Estudos como o Programa de Ação Florestal da Etiópia (EFAP, 1994) indicam que cerca de 35% da área terrestre da Etiópia, ou seja, quase 40 milhões de hectares, poderiam ter sido cobertos por florestas de altitude. No início da década de 1950, a cobertura florestal diminuiu para 16% da superfície terrestre total. Em 1989, a área coberta por florestas diminuiu para 2,7% da área total (Sisay Nune, 2010).

A Etiópia não dispõe de dados de inventário periódico das florestas e das existências de carbono, o que faz com que o país não consiga desenvolver um planeamento de gestão florestal sustentável que atraia as finanças climáticas através do reforço dos serviços ambientais das florestas para efeitos de financiamento do desenvolvimento florestal através do financiamento do carbono florestal (Mesfin Sahle, 2011). Por conseguinte, o potencial de sequestro de carbono da floresta de Sekelemariam ainda não foi avaliado.

1.3 Objectivos do estudo

1.3.1 Objetivo geral

O objetivo principal deste estudo foi medir e calcular o potencial de estoque de carbono da Floresta Estadual de Sekelemariam.

1.3.2 Os objectivos específicos eram:

Investigar o armazenamento de C no solo da floresta.

Estimar o carbono sequestrado na biomassa acima e abaixo do solo,

Estimar o carbono sequestrado na folhagem morta e na madeira morta,

Determinar o efeito do declive e da altitude no potencial de sequestro de carbono, e

Fornecer informação de base para a futura conservação e gestão da floresta.

1.4 Questões de investigação

1. Qual é o potencial de sequestro de carbono em termos de vegetação e SOC na floresta estadual de Sekelemariam?

2. Que variáveis afectam significativamente a distribuição da biomassa acima do solo e da biomassa abaixo do solo em Sekelemariam freest?
3. Qual seria o estado atual da floresta no que diz respeito à densidade das árvores e à composição das espécies?

1.5 Hipótese de investigação

1. Existe uma relação significativa entre o carbono acima e abaixo do solo, o SOC e as reservas de carbono das letras com o gradiente altitudinal.
2. O gradiente de declive afecta a distribuição de AGC, SOC e carbono da folhada acções.

2. REVISÃO DA LITERATURA RELACIONADA

2.1 Panorama do ciclo global do carbono

Durante a história geológica, o aparecimento de plantas na Terra levou à conversão do dióxido de carbono (CO_2) na atmosfera e nos oceanos em vários compostos inorgânicos e orgânicos na terra e na água. Esta troca natural de compostos de carbono (C) entre a atmosfera, os oceanos e os ecossistemas terrestres está agora a ser modificada pelas actividades humanas que libertam CO_2 a partir de compostos orgânicos fossilizados (combustíveis fósseis) e por alterações na utilização dos solos (Schimel et al., 1996).

Diferentes estudos mostraram que a concentração atmosférica de CO aumentou do seu nível pré-industrial de cerca de 280 partes por milhão por volume (ppmv) para quase 380 ppmv em 2004, e está a aumentar ainda mais em cerca de 1,5 a 2,0 ppmv por ano^{-1} . Estes aumentos da concentração de CO e de outros gases com efeito de estufa provocam, de tempos a tempos, um aumento das temperaturas médias globais (Nicholls et al., 1996); prevêem-se novos aumentos significativos das temperaturas se as concentrações de gases com efeito de estufa continuarem a aumentar no futuro (Houghton et al., 2001). Existe a preocupação de que essas alterações climáticas, incluindo mudanças nos padrões de precipitação, tenham impactos adversos em muitos aspectos da natureza e da sociedade (Watson et al., 1996).

Diferentes estudos estimaram que a quantidade de carbono disponível na Terra é de aproximadamente 10^{23} gramas. A maior parte está contida nas rochas sedimentares. Existem cerca de $40x10^{18}$ gramas de C nas piscinas activas perto da superfície da Terra (Schlesinger, 1997). A atmosfera contém cerca de 750 Gt de C, a maioria dos quais sob a forma de dióxido de carbono (CO_2). Uma quantidade ligeiramente inferior (cerca de 560 Gt) está contida na biomassa viva da biosfera terrestre. De acordo com (Houghton e Skole, 1990), o teor de carbono dos solos terrestres está estimado entre 1.400 e 1.700 Gt de C. O C nos ecossistemas terrestres encontra-se numa forma orgânica reduzida (Houghton e Skole, 1990). A maior parte do C terrestre é armazenada na vegetação e nos solos das florestas. Cerca de 99,9% do C presente no biota mundial está contido na vegetação, o que implica que os animais são reservatórios de C negligenciáveis (Houghton, 1990). Estima-se também que as reservas de combustíveis fósseis, como o carvão, o petróleo e o gás, contenham aproximadamente 5 000 Gt de C, representando o segundo maior reservatório da Terra (Houghton e Skole, 1990). De longe, a maior proporção do C do planeta está contida nos oceanos; estes contêm 39.000 Gt dos 48.000 Gt de C (1 Giga tone (Gt) = 109 t = 1015 g = 1 Pg). A segunda maior reserva, o C fóssil, representa apenas 6 000 Gt. Além disso, as reservas terrestres de C em todas as florestas, árvores e solos do mundo ascendem apenas a 2500 Gt, enquanto a atmosfera contém apenas 800 Gt.

Por conseguinte, este carbono biogeoquímico encontra-se em quatro grandes reservatórios ou reservatórios que estão interligados de modo a formar o ciclo. Os quatro principais reservatórios de carbono são a atmosfera, o oceano, os sedimentos e a biosfera terrestre, através dos quais o ciclo global do carbono envolve fluxos de carbono. Considerado um dos ciclos mais importantes da Terra, o ciclo do carbono é uma troca de carbono entre os quatro reservatórios (Falkowski et al., 2000).

As plantas anuais têm um ciclo que inclui crescimento durante algumas partes do ano e morte e decomposição durante outras. Assim, o nível de carbono atmosférico aumenta no Hemisfério Norte no inverno e diminui no verão. (Devido à sua massa terrestre muito maior, o Hemisfério Norte tem mais atividade vegetativa e, portanto, domina este ciclo) (Falkowski et al., 2000).

A absorção de dióxido de carbono para a fotossíntese permite que as plantas construam tecidos, mantenham os tecidos existentes, criem reservas de energia e forneçam defesa contra insectos e agentes patogénicos (Barnes et al., 1998). Como parte da fotossíntese, o oxigénio é libertado para a atmosfera e o carbono é fixado pela planta. Apesar de existirem algumas variações específicas entre as espécies, a investigação aponta para que 50% da biomassa seca de uma planta seja constituída por carbono (Gravender et al., 2004). Quando as plantas e outros organismos biológicos morrem, a sua decomposição liberta dióxido de carbono para a atmosfera. Este processo de absorção e libertação de carbono a uma escala global é designado por ciclo do carbono (Raven et al., 1999). No entanto, a desflorestação e a degradação florestal têm uma grande influência no ciclo do carbono, ao emitirem gases com efeito de estufa para a atmosfera. Os processos de combustão e decomposição são as principais fontes diretas de emissões, mas existem também factores indirectos de emissão de GEE, como a respiração e a erosão do solo (Schulze et al., 2002).

2.2 Panorama das alterações climáticas globais

As alterações climáticas são uma questão global baseada no papel do carbono no planeta. As alterações climáticas podem ser definidas como uma mudança na circulação do tempo numa região específica ou numa perspetiva global. Esta alteração ocorre durante um período de tempo que pode ir de décadas a milhões de anos. No contexto das políticas ambientais, as alterações climáticas são referidas como uma mudança no clima moderno ou mesmo utilizadas como sinónimo de "aquecimento global". Segundo a Convenção-Quadro das Nações Unidas sobre as Alterações Climáticas (CQNUAC, 2006), entende-se por alteração climática "uma mudança do clima atribuída direta ou indiretamente à atividade humana que altera a composição da atmosfera global e que se acrescenta à variabilidade climática natural observada durante períodos de tempo comparáveis" (CQNUAC, 1992). O termo "aquecimento global" refere-se ao aquecimento das últimas décadas e à sua continuação prevista, e implica uma influência humana. A Convenção-Quadro das Nações Unidas sobre Alterações Climáticas (CQNUAC) utiliza o termo "alterações climáticas" para designar as alterações provocadas pelo homem e "variabilidade climática" para outras alterações. O termo "alterações climáticas" reconhece que o aumento das temperaturas não é o único efeito. O aumento da concentração atmosférica de dióxido de carbono (CO2) e de outros gases com efeito de estufa [ou seja, metano (CH4), clorofluorocarbonetos, óxido nitroso (N2O) e ozono troposférico (O3)] são os principais factores que contribuem para o aumento das temperaturas atmosféricas, ao reterem na atmosfera determinados comprimentos de onda da radiação. No entanto, alguns produtos químicos podem estar a reduzir as temperaturas atmosféricas (por exemplo, o dióxido de enxofre, as partículas e o ozono estratosférico) (Hamburg et al., 1997).

Isto está a provocar o aquecimento da Terra e a acidificação dos oceanos. A menos que a quantidade de CO2 e de outros gases com efeito de estufa que entram na atmosfera possa ser reduzida drasticamente, os estudos prevêem que a temperatura da Terra continuará a aumentar. Este aumento da temperatura provocará alterações climáticas, a subida do nível dos mares e afectará negativamente os ambientes oceânicos e terrestres. O relatório do IPCC de 2007 indica que a maior parte do aumento observado na temperatura média global desde meados do século XX se deve muito provavelmente aos aumentos observados nas concentrações antropogénicas de gases com efeito de estufa. A alteração do padrão de precipitação é outro efeito das alterações climáticas. Haverá um aumento da precipitação nalgumas regiões e uma diminuição noutras regiões do mundo. A precipitação não só aumenta ou diminui, como também se torna irregular, provocando inundações, deslizamentos de terras, etc. Em geral, os países africanos, que contribuem menos para os gases com efeito de estufa a nível mundial, são os mais afectados pelas alterações climáticas.

Os factores que influenciam as alterações climáticas são frequentemente designados por "forçantes climáticas", que podem incluir radiações solares, alterações na órbita da Terra, deformação da crosta terrestre, deriva continental e alterações na concentração de GEE. Supostamente, este último é o único fator em que o homem tem alguma influência, quer em benefício quer em detrimento de (IPCC, 2007). De acordo com muitos estudos científicos internacionais, as actividades humanas resultaram num aquecimento global substancial a partir do século XX. As emissões de gases com efeito de estufa induzidas pelo homem continuaram a aumentar, gerando elevados riscos de alterações climáticas. As previsões do Painel Intergovernamental sobre as Alterações

Climáticas (PIAC) mostram que o aumento médio da temperatura à escala global se situará entre 1,4°C e 5,8°C no período de 1990 a 2100 (Houghton et al., 2001).

As alterações climáticas decorrentes das actividades humanas estão diretamente relacionadas com a emissão de gases com efeito de estufa (GEE) para a atmosfera. Especialmente gases como o dióxido de carbono (CO_2), o metano (CH_4) e o clorofluorocarbono (CFC) são os principais responsáveis pelo aquecimento global. Uma estratégia ampla e facilmente implementável para reduzir as emissões de GEE, especialmente de CO_2, com grande potencial de sucesso é a utilização de florestas e outra vegetação para sequestrar o carbono da atmosfera (Watson e Zinyowera et al., 1996).

2.3 Gases com efeito de estufa

A atmosfera desempenha um papel importante na vida na Terra, pois mantém a temperatura adequada para a vida na Terra devido ao efeito de estufa natural, ou seja, permite a entrada de radiação de ondas curtas do sol, mas não permite a saída de radiação de ondas longas da Terra (IPCC, 2007). Os gases com efeito de estufa (GEE) mais importantes são o vapor de água, o dióxido de carbono (CO_2), o metano (CH_4) e o óxido nitroso (N_2O). Estes gases estão presentes em pequenas quantidades; no entanto, os dois gases mais abundantes presentes na atmosfera, o azoto (78%) e o oxigénio (21%), quase não exercem efeito de estufa (IPCC, 2007). No entanto, os gases com efeito de estufa são uma parte essencial da atmosfera; servem para reter e refletir a energia do sol. A superfície da Terra irradia energia do sol sob a forma de infravermelhos. Os gases com efeito de estufa absorvem parte da energia infravermelha e irradiam-na de volta para a Terra. Este processo mantém a Terra a uma temperatura que permite a existência de vida. Durante o Holoceno pré-industrial, as concentrações destes gases eram praticamente constantes. Desde a revolução industrial, as concentrações de todos os gases com efeito de estufa de longa duração começaram a aumentar devido às acções humanas.

Os principais gases com efeito de estufa são o vapor de água, o CO_2, o metano, o óxido nitroso, o ozono troposférico, os HFC, os PFC, o SF6, os halons e os CFC. O vapor de água e as nuvens são responsáveis pela maior parte da energia absorvida e reflectida na Terra (Jacoby et al., 1998). O vapor de água não é considerado um gás antropogénico com efeito de estufa, uma vez que a atividade humana tem pouco efeito direto nas suas concentrações atmosféricas. o CO_2, o metano e o óxido nitroso são responsáveis por uma fração menor da energia absorvida e reflectida. Estes gases estão atualmente a entrar na atmosfera a taxas fortemente induzidas pelas actividades humanas. O ritmo a que os gases com efeito de estufa estão a ser libertados para a atmosfera aumentou principalmente devido à queima de combustíveis fósseis para fins domésticos e industriais e também em resultado da limpeza e desflorestação dos solos. Ao atingirem concentrações atmosféricas mais elevadas, os gases com efeito de estufa absorvem e irradiam mais energia. Este processo aumenta as temperaturas médias globais. O aumento do nível de temperatura da atmosfera está a provocar a ameaça de alterações climáticas globais (Karl e Trenberth, 2003).

2.4 Protocolo de Quioto e sequestro de carbono

Em 11 de dezembro de 1997, no âmbito da CQNUAC, foi adotado um protocolo destinado a combater o aquecimento global. Este tratado internacional, que entrou em vigor a 16 de fevereiro de 2005, tinha como objetivo otimizar as concentrações de gases com efeito de estufa na atmosfera, a fim de evitar interferências perigosas no sistema climático. O Protocolo de Quioto é um acordo internacional que formulou o objetivo de, entre 2008 e 2012, os países industrializados reduzirem as suas emissões de gases com efeito de estufa em cinco por cento em relação às taxas de 1990 (UNFCCC, 2009).

O Protocolo de Quioto abre caminho a mecanismos flexíveis como o comércio de emissões, o mecanismo de desenvolvimento limpo (MDL) e outras estratégias de implementação que, em contrapartida, permitem aos países do Anexo I cumprir os seus compromissos em matéria de GEE. Este facto também abriu caminho para que os países em desenvolvimento vendam créditos de redução das emissões de GEE (também designados por créditos de carbono) aos países do Anexo I (Grubb, 1999).

O Protocolo de Quioto à Convenção-Quadro das Nações Unidas sobre as Alterações Climáticas (CQNUAC, 1997) proporcionou um veículo para considerar os efeitos dos sumidouros e das fontes de carbono, bem como para abordar questões relacionadas com as emissões de combustíveis fósseis. Há pelo menos quatro pontos importantes a reconhecer: 1) As florestas estão definitivamente incluídas no Protocolo. 2) O Protocolo concede créditos a algumas actividades de redução das emissões florestais induzidas pelo homem, iniciadas em 1990 ou posteriormente. No entanto, 3) Os créditos só se acumulam para o carbono sequestrado durante o período de compromisso 2008-2012. 4) A gestão florestal, a conservação e os sumidouros de solos agrícolas não são especificamente mencionados e, por conseguinte, o seu papel na obtenção de créditos está atualmente sujeito a interpretações variáveis. Por conseguinte, a abordagem do Protocolo de Quioto não é claramente exaustiva. O Protocolo trata apenas de um pequeno subconjunto do total dos fluxos de carbono gerados por sumidouros e fontes selecionados, limitando a sua atenção aos fluxos de carbono induzidos pelo homem relacionados com a florestação, a reflorestação e a desflorestação realizadas após 1990. Além disso, a abordagem é ainda mais limitada pelo facto de se centrar nas alterações das reservas de carbono apenas no período de compromisso de

2008-2012. Assim, o Protocolo ignora as alterações de carbono durante alguns períodos e de algumas fontes, muitas das quais induzidas pelo homem (CQNUAC, 2009).

O comércio de emissões é um dos mecanismos de flexibilidade permitidos pelo Protocolo de Quioto para permitir que os países cumpram o seu objetivo de redução das emissões. Espera-se que os países/empresas com custos internos elevados de redução das emissões comprem certificados a países/empresas com custos internos baixos de redução das emissões (Richards e Stocks, 1995). Até à data, o Protocolo de Quioto só permite a atribuição de créditos para a fixação de carbono nas florestas. Atualmente, não permite créditos para a fixação de carbono em solos agrícolas ou zonas húmidas. O IPCC (Painel Intergovernamental sobre as Alterações Climáticas) desenvolveu metodologias para contabilizar as emissões e o sequestro provenientes da gestão das terras agrícolas e das pastagens, que todos os países da CQNUAC têm de incluir nos seus inventários anuais de GEE. O Protocolo menciona especificamente as emissões de fontes e as remoções por sumidouros resultantes de alterações diretas do uso do solo induzidas pelo homem e de actividades relacionadas com as florestas - desflorestação, reflorestação e florestação - realizadas desde 1990. No entanto, o Protocolo é omisso quanto ao papel de outros sumidouros no cumprimento dos inventários nacionais de emissões. As terras agrícolas, por exemplo, são mencionadas como uma possível fonte de carbono, que deve ser incluída no inventário de emissões de um país, mas não existem disposições relativas a créditos nacionais para a acumulação do sumidouro de carbono do solo agrícola. No entanto, o artigo 3.4 do Protocolo parece permitir a expansão das actividades reconhecidas como sumidouros induzidos pelo homem (Grubb, 1999).

2.5 Mecanismo de Desenvolvimento Limpo (MDL) para a atenuação das alterações climáticas

O conceito de MDL tem a sua origem no Protocolo de Quioto (1997), no âmbito da Convenção-Quadro das Nações Unidas sobre as Alterações Climáticas (CQNUAC), proposto na Conferência das Nações Unidas sobre o Ambiente e o Desenvolvimento (Cimeira da Terra) em 1992. Uma ramificação da Convenção-Quadro das Nações Unidas sobre as Alterações Climáticas (CQNUAC). O Protocolo de Quioto é um acordo global juridicamente vinculativo para combater as alterações climáticas através da redução das emissões de gases com efeito de estufa (GEE) (UNFCCC, 1997).

O Mecanismo de Desenvolvimento Limpo (MDL) é um instrumento económico destinado a induzir iniciativas para fazer face aos desafios colocados pela ameaça iminente das alterações climáticas. Trata-se de um mecanismo para promover a transferência de tecnologia e o investimento dos países desenvolvidos para os países em desenvolvimento em projectos de redução das emissões de gases com efeito de estufa (GEE). O mecanismo permite que os governos ou entidades privadas dos países desenvolvidos invistam em projectos de redução de emissões nos países em desenvolvimento e, por sua vez, obtenham o benefício em termos de "Redução Certificada de Emissões (RCE)", que pode ser creditada nos seus objectivos nacionais de redução de emissões. Assim, o MDL tem o duplo objetivo de ajudar os países em desenvolvimento na sua busca de um desenvolvimento sustentável e de dar aos países desenvolvidos a oportunidade de contribuírem para a redução das concentrações globais de gases com efeito de estufa a um custo menor (Grubb, 1999). Através deste mecanismo, os investidores dos países desenvolvidos podem realizar projectos de redução de emissões que contribuam para o desenvolvimento sustentável nos países em desenvolvimento e, assim, obter "Reduções Certificadas de Emissões (RCE)" a utilizar para cumprir os seus compromissos quantificados de redução de emissões.

2.6 Custos de redução e tratamento do carbono

O comércio de carbono, ou mais genericamente o comércio de emissões, é o termo aplicado ao comércio de certificados que representam várias formas de atingir os objectivos de redução das emissões relacionadas com o carbono. Os participantes no comércio de carbono compram e vendem compromissos contratuais ou certificados que representam quantidades específicas de emissões relacionadas com o carbono: O aparecimento de um mercado global de créditos de carbono, obtidos através de investimentos em actividades que compensam ou reduzem de forma quantificável as emissões de carbono, oferece um instrumento poderoso, mas ainda não totalmente aperfeiçoado, para financiar uma melhor gestão florestal e o desenvolvimento sustentável (Brown e Gaston, 1995):

- incluem reduções de emissões (novas tecnologias, eficiência energética, energias renováveis); ou
- Incluem compensações contra emissões, como o sequestro de carbono (captura de carbono na biomassa).

As pessoas compram e vendem esses produtos porque é a forma mais rentável de conseguir uma redução global do nível de emissões, partindo do princípio de que os custos de transação envolvidos na participação no mercado são mantidos a níveis razoáveis. É rentável porque as entidades que atingiram facilmente o seu próprio objetivo de redução de emissões poderão criar certificados de redução de emissões "excedentários" em relação às suas próprias necessidades (UNFCCC, 2009).

O comércio de emissões é, portanto, um dos mecanismos de flexibilidade permitidos pelo Protocolo de Quioto para permitir que os países cumpram o seu objetivo de redução de emissões. Os países/empresas com elevados custos internos de redução de emissões deverão comprar certificados a países/empresas com baixos custos internos de redução de emissões. O resultado global é que o objetivo de redução das emissões é cumprido, mas a um custo muito inferior.

O aspeto do custo do sequestro de carbono com base nas florestas, enquanto mecanismo de compensação, é particularmente importante. Determina a forma como o sequestro de carbono se compara com outros potenciais mecanismos de compensação de carbono no esquema mais vasto das políticas de redução dos gases com efeito de estufa. De acordo com o Protocolo de Quioto, cada país receberá créditos de carbono com base no cenário de emissão e fixação de carbono. Se os países em desenvolvimento tiverem de melhorar a questão dos créditos de carbono, deve ser considerado o papel das manchas de vegetação no sequestro de carbono. No entanto, isto pode ter consequências inesperadas associadas ao desenvolvimento de um sistema de fixação de carbono. Com efeito, a concentração nas florestas para a fixação do carbono conduziria provavelmente ao estabelecimento quase exclusivo de plantações de árvores de uma única espécie (IPCC, 2001).

2.7 Potencial de sequestro de carbono e de atenuação das alterações climáticas das florestas

2.7.1 Conceito de sequestro de carbono

De acordo com a definição do IPCC (2000), a fixação de carbono é o fenómeno pelo qual o carbono atmosférico é armazenado em quaisquer reservatórios não atmosféricos. O sequestro de carbono (SC) refere-se ao processo de armazenamento a longo prazo de carbono na biosfera terrestre, no subsolo ou nos oceanos, de modo a reduzir ou abrandar a acumulação da concentração de dióxido de carbono na atmosfera. Por outras palavras, pode ser definido como a remoção de carbono (C) da atmosfera através do seu armazenamento na biosfera

i. Sequestro terrestre

As reservas de carbono terrestre são o termo utilizado para o C armazenado nos ecossistemas terrestres, sob a forma de biomassa vegetal viva ou morta (acima e abaixo do solo) e no solo, juntamente com quantidades geralmente negligenciáveis de biomassa animal (Dixon et al., 1994). O sequestro de carbono nos ecossistemas terrestres também pode ser definido como a remoção líquida de CO_2 da atmosfera para reservatórios de carbono de longa duração.

Os ecossistemas terrestres desempenham um papel importante na regulação do clima. Diferentes tipos de ecossistemas armazenam diferentes quantidades de carbono, consoante a composição das espécies, os tipos de solo, o clima e outras caraterísticas. A perda ou danificação dos ecossistemas reduz a sua capacidade de captar e armazenar carbono (Comissão Europeia, 2009).

De longe, a maior proporção do C do planeta está nos oceanos; eles contêm 39.000 Gt dos 48.000 Gt de C (1 Giga tone (Gt) = 10^9 t = 10^{15} g = 1 Pg). A segunda maior reserva, o C fóssil, representa apenas 6 000 Gt. Além disso, as reservas terrestres de C em todas as florestas, árvores e solos do mundo ascendem apenas a 2500 Gt, enquanto a atmosfera contém apenas 800 Gt (IPCC, 2001).

ii. Opções de sequestro

O sequestro de GEE é o armazenamento a longo prazo de carbono nas florestas, nos solos, nos oceanos e noutros "sumidouros" de carbono. Em geral, os projectos de sequestro de carbono podem assumir três formas: sequestro florestal, sequestro agrícola e sequestro geológico. Estes tipos de actividades de fixação são também designados por actividades LULUCF (utilização dos solos, alteração da utilização dos solos e silvicultura) (IPCC, 2000).

a. Sequestro florestal

De acordo com estudos do IPCC (2001b) e de Schlesinger (1997), entre todos os ecossistemas terrestres, as florestas contêm a maior reserva de C. Deste carbono, a biomassa vegetal (acima e abaixo do solo), os detritos lenhosos grosseiros, a folhada e o solo (contendo matéria orgânica e inorgânica) representam os principais reservatórios de carbono. Quando o crescimento da floresta é perturbado ou a floresta é destruída, o CO_2 e outros gases com efeito de estufa, como o metano (CH_4) e o óxido nitroso (N_2O), são libertados de novo para a atmosfera através da respiração, combustão ou decomposição, o que tende a aumentar a concentração de GEE na atmosfera (IPCC, 2003; Richards e Evans, 2004).

A capacidade das florestas para sequestrar e emitir gases com efeito de estufa, associada à desflorestação generalizada em curso, levou a que as florestas e as alterações do uso do solo fossem incluídas na Convenção-Quadro das Nações Unidas sobre as Alterações Climáticas (CQNUAC) e no Protocolo de Quioto (KYOTO, 1997).

O sequestro florestal ocorre através da absorção natural de CO da atmosfera durante a fotossíntese, à medida que as árvores crescem. O carbono acumula-se e é armazenado sob a forma de biomassa lenhosa no tronco, nas raízes e nos ramos das árvores. O carbono também é armazenado no solo, nas plantas do sub-bosque e na folhagem. A taxa de acumulação de carbono depende de uma série de condições locais, incluindo a temperatura, a precipitação, o declive, a exposição, a textura do solo e as espécies de árvores (IPCC, 2000). O teor de carbono da madeira varia tanto entre espécies como no interior dos indivíduos. De acordo com (Mahli et al., 2002), o teor de carbono na madeira pode variar entre 46,3% e 55,2% em peso (Mahli et al., 2002). Embora a absorção de carbono seja altamente variável entre as espécies de árvores, uma floresta em crescimento absorverá inicialmente o carbono a uma taxa rápida; depois, à medida que a floresta amadurece e o crescimento abranda, as taxas de sequestro também abrandam (Birdseye, 1992).

b. Sequestro agrícola

As actividades agrícolas emitem e removem GEE da e para a atmosfera. Estas actividades emitem principalmente CO , CH e N O. Enquanto as emissões de CO podem ser sequestradas, as emissões de CH e N O só podem ser mitigadas através da redução das emissões. Existem dois tipos de abordagens de atenuação que envolvem a agricultura:

As opções para aumentar o sequestro nas terras de cultivo incluem a conversão em gramíneas perenes e tampões de conservação. A conversão de terras agrícolas em pastagens aumenta frequentemente a quantidade de carbono no solo (IPCC, 2001c). As zonas-tampão de conservação são faixas de vegetação instaladas ao longo de cursos de água em terrenos agrícolas para minimizar a erosão e a poluição não pontual (Lal et al., 1998).

c. Sequestro geológico

O armazenamento geológico de carbono é o armazenamento sistemático do dióxido de carbono capturado pela combustão ou processamento de combustíveis em formações geológicas estáveis, como campos de hidrocarbonetos e aquíferos, evitando assim a sua libertação para a atmosfera. As formações geológicas mais interessantes são os campos de hidrocarbonetos (petróleo e gás natural), os aquíferos submarinos, as camadas de carvão e as cavernas salinas. Anderson e Newell (2003) apresentaram uma boa panorâmica das várias alternativas de armazenamento geológico de carbono, bem como das possibilidades de captura de carbono de várias fontes de emissão.

O processo de captura, separação, transporte e injeção de gases de escape de CO em várias formações geológicas é um dos principais meios pelos quais uma empresa de serviços públicos pode mitigar as suas emissões de CO. Apesar do estatuto pouco claro do armazenamento geológico de carbono no Protocolo de Quioto, as empresas petrolíferas e tecnológicas já investiram montantes significativos em investigação e desenvolvimento de tecnologias de captura e armazenamento de carbono. A principal motivação para o seu interesse é a recuperação melhorada de petróleo (EOR), conseguida através da injeção de CO em reservatórios de petróleo. Outras substâncias, como o gás natural ou a água, podem também ser injectadas para o mesmo fim.

O processo de armazenamento geológico de carbono pode ser classificado em três componentes principais de custo: captura de carbono, compressão e transporte, e armazenamento (Hustad e Austell, 2003).

d. Sequestro nos oceanos

Os oceanos globais são um dos maiores reservatórios terrestres de carbono, armazenando cerca de 38 000 Gt de carbono e absorvendo mais 1,7 Gt C/ano. A absorção natural de carbono ocorre através da difusão de CO na interface ar-mar ou da absorção de carbono pelo plâncton fotossintético durante a produção primária. A oportunidade de aumentar a absorção oceânica de carbono reside no aumento da quantidade de carbono que é exportada para o oceano profundo.

i. Sementeira oceânica

A sementeira oceânica envolve a adição de um nutriente fertilizante - na maioria dos casos sulfato de ferro - diretamente à superfície do oceano para estimular o crescimento do fitoplâncton. Uma percentagem do carbono originalmente capturado (<.1%) é permanentemente sequestrada no fundo do oceano (Schlesinger, 1997). No entanto, o processo de sementeira oceânica, as incertezas nos processos e os resultados a jusante da fertilização oceânica levantam questões significativas sobre os verdadeiros benefícios desta abordagem. Este facto deve-se à possibilidade de impactos secundários graves e negativos para o ambiente, resultantes da sementeira, que são objeto de preocupação e geram debate científico e público (Chisholm et al., 2001).

ii. Injeção no oceano

A captura de CO de fluxos de resíduos industriais e a sua subsequente injeção no oceano profundo foi proposta como outra forma de aumentar a absorção de carbono dos oceanos globais. Há duas formas de transportar o CO para o oceano. Isto pode ser efectuado de duas formas. A primeira seria simplesmente utilizar um sistema de condutas que se estendesse da fonte de captura de CO até ao oceano. A segunda forma seria transportar o CO através de um camião-cisterna para uma plataforma de injeção, um sistema semelhante ao utilizado para o transporte de gás de petróleo liquefeito (IEA, 2002).

2.7.2 Potencial de atenuação das alterações climáticas das florestas

Os ecossistemas florestais, que cobrem cerca de 4,1 mil milhões de hectares a nível mundial, constituem uma importante reserva de C terrestre (Dixon e Wisniewski, 1995). Estima-se que cerca de 90% do C terrestre do mundo esteja armazenado nas florestas (Houghton, 1996b). Estas florestas representam 3,6 mil milhões de hectares, ou 28% da superfície terrestre. Se a definição de florestas incorporar terras como pousios florestais e terras arbustivas, então este número sobe para 5,3 mil milhões de hectares, ou 40% da área terrestre mundial (Sharma et al., 1992).

O principal objetivo da gestão para evitar as emissões de C é conservar os reservatórios de C existentes na vegetação florestal e no solo através de opções como evitar a desflorestação ou o abate de árvores e proteger a floresta em reservas, alterar os regimes de abate (por exemplo, reduzir o abate de impacto ou prolongar os tempos de rotação) e controlar outras perturbações antropogénicas, como incêndios e surtos de pragas (Brown et al., 1996).

A expansão das "áreas protegidas" para zonas de florestas maduras e secundárias para conservação da biodiversidade, por exemplo, é outro meio de conservar o carbono. A utilização das florestas desta forma, incluindo o prolongamento dos ciclos de rotação, a redução dos danos causados às árvores remanescentes, a redução dos resíduos de abate, a implementação de práticas de conservação do solo e a utilização mais eficiente da madeira, garante que uma grande fração do seu carbono é conservada na terra (Moura-Costa, 1996).

A gestão do sequestro de C significa aumentar a quantidade de C armazenado na vegetação (biomassa viva acima e abaixo do solo), na matéria orgânica morta e no solo (folhada, madeira morta e solo mineral) e nos produtos de madeira duráveis.

O REDD é também uma das abordagens para atingir a redução de 20% das emissões relacionadas com as florestas. As principais estratégias de atenuação das alterações climáticas no âmbito do REDD incluem: Aumento das reservas de carbono, gestão sustentável das florestas, prevenção da degradação, conservação do carbono e prevenção da desflorestação. As florestas são simultaneamente fontes e sumidouros de carbono. São fontes quando libertam o carbono armazenado na sua biomassa para a atmosfera através da desflorestação e da degradação, e absorvem o carbono da atmosfera através da fotossíntese.

As vegetações, especialmente as florestas, são conhecidas por acumularem diferentes quantidades de carbono, consoante a espécie e a sua localização geográfica. A possibilidade de utilizar a vegetação como reservatório de carbono foi identificada como uma medida potencial para mitigar o efeito dos GEE do aquecimento global. A acumulação de carbono pela vegetação é geralmente definida como um meio de "stock de carbono". Esta reserva está presente em todos os materiais vivos, desde as folhas, aos caules, cascas, raízes e biomassa microbiana, mas também está presente em materiais mortos, como a folhada e o carbono orgânico do solo

(Watson et al., 1996).

Os regimes REDD permitem que a conservação das florestas concorra em termos económicos com os factores de desflorestação. Os créditos resultantes da redução das emissões, também designados por "desflorestação evitada", seriam quantificados. Essa quantidade positiva tornar-se-ia então um crédito que poderia ser vendido num mercado internacional de carbono. Em alternativa, o crédito poderia ser entregue a um fundo internacional criado para compensar financeiramente os países participantes que conservam as suas florestas. O REDD+ acrescenta três áreas estratégicas às duas acções originais do , nomeadamente a conservação, a gestão sustentável das florestas e o aumento das reservas de carbono florestal (através da florestação e da regeneração). Todas as cinco estratégias visam reduzir as emissões resultantes da desflorestação e da degradação florestal nos países em desenvolvimento.

2.8 Florestas e reservas de carbono das florestas na Etiópia

2.8.1 As florestas na Etiópia

Os recursos florestais da Etiópia têm sofrido uma enorme pressão devido à crescente necessidade de produtos de madeira e à conversão para a agricultura. Por conseguinte, a tendência atual na Etiópia é proteger as florestas naturais remanescentes pelos seus diversos valores sociais, económicos e ambientais. Por outro lado, há uma procura crescente de madeira e de produtos de madeira. Para conseguir o equilíbrio entre os dois interesses, a florestação/reflorestação (a seguir designada por plantações) é muito importante (FAO, 2001).

Vários autores e projectos de inventário nacionais ou subnacionais, por exemplo, ENEC-CESEN (1986), LUPRD-MOA/FAO (1985) e o Projeto de Inventário e Planeamento Estratégico da Biomassa Lenhosa (WBISPP), financiado pelo Banco Mundial, efectuaram avaliações e documentaram a extensão dos recursos florestais e outras utilizações dos solos da Etiópia. Entre estes, o WBISPP é uma fonte fundamental de informação sobre as florestas e outras utilizações dos solos na Etiópia. De acordo com o WPISPP (2005), os tipos de ocupação do solo na Etiópia estão classificados em nove tipos principais. Contudo, na recente proclamação sobre as florestas (n.º 542/2007), as florestas altas, os bosques e as florestas de bambu são reconhecidos como florestas. Com base no relatório do WBISPP sobre as estatísticas de utilização/ocupação do solo na Etiópia, as vegetações lenhosas, incluindo as florestas altas, cobrem mais de 50% do território (WBISPP, 2005). A definição de floresta é ambígua no Guia de Boas Práticas do IPCC. No entanto, de acordo com a definição da FAO (2001), as vegetações da Etiópia que podem ser consideradas "florestas" são as florestas naturais de altitude, os bosques, as plantações e as florestas de bambu, com uma área estimada de 35,13 milhões de hectares. No entanto, se as terras com arbustos forem incluídas (considerando a definição de florestas do IPCC), a cobertura estimada passa a ser superior a 50% (61,62 milhões de hectares). Os nove tipos de vegetação que se distinguem na Etiópia são Afro-alpina e Sub-afro-alpina, Floresta Montana Perenifólia Seca, Floresta Montana Perenifólia Húmida, Floresta *de Acacia-Commiphora* (folhas pequenas), Floresta de *Combretum-Terminalia* (folhas largas), Florestas Secas de Terras Baixas, Vegetação de Zonas Húmidas (pântanos, lagos, rios e ribeiras), Vegetação Arbustiva Perenifólia e Vegetação Semidesértica e Desértica de Terras Baixas (Sebsebe, 1996; Zerihun, 2000).

Segundo os estudos efectuados, no ano 2000, a biomassa total das florestas da Etiópia (naturais e de plantação) foi estimada em 363 milhões de toneladas (79 t/ha), enquanto o volume total foi estimado em 259 milhões de metros cúbicos (56 m^3 /ha). A produção e o fornecimento de madeira industrial na Etiópia estão a diminuir devido à diminuição da cobertura florestal. Por exemplo, a produção de madeira serrada e de contraplacado diminuiu de 65 e 1,9 mil metros cúbicos na década de 1970 para 16 e 1,6 mil metros cúbicos, respetivamente, no início de 2000. Consequentemente, a importação começou a desempenhar um papel importante no equilíbrio entre a oferta e a procura de produtos de madeira. Por exemplo, no ano 2000, a Etiópia importou 12.000 metros cúbicos, 7.000 toneladas e 20.000 toneladas de painéis à base de madeira, pasta para papel e papel e cartão, respetivamente, a um custo de 15,3 milhões de USD (Mulugeta Lemenih, 2008).

2.8.2 Stocks de carbono das florestas na Etiópia

As principais fontes de emissão de GEE na Etiópia são causadas por alterações na utilização dos solos e desflorestação para produção de energia a partir de biomassa (carvão vegetal, estrume, resíduos, etc.) e conversão de florestas em terras agrícolas para satisfazer a escassez da procura de alimentos. A floresta e a vegetação lenhosa da Etiópia desempenham um papel fundamental na manutenção das alterações climáticas através do sequestro de carbono atmosférico.

De acordo com os dados comunicados por Brown (1997), a densidade de carbono das florestas de altitude na Etiópia era de 101 toneladas ha-1. No entanto, alguns estudos de caso encontraram um resultado que mostra valores de densidade de carbono ainda mais elevados, próximos das 200 toneladas ha-1 , do que as estimativas baseadas no WBISPP para as florestas de altitude nas montanhas de Bale (Tsegaye Tadesse, 2010). A variação entre estes estudos deve-se aos diferentes métodos e ferramentas que aplicaram, à variabilidade regional em termos de solo, topografia e tipo de floresta e às incertezas associadas aos métodos utilizados. A perspetiva de acesso às finanças do carbono para a Etiópia é muito elevada, tendo em conta os seguintes factos. Estudos como o Programa de Ação Florestal da Etiópia (EFAP, 1994) indicaram que cerca de 35% da superfície terrestre da Etiópia, ou seja, quase 40 milhões de hectares, poderiam ter sido cobertos por florestas de altitude. No início da década de 1950, a cobertura florestal diminuiu para 16% da superfície terrestre total. Em 1989, a área coberta por florestas diminuiu para 2,7% da área total do país. Isto mostra que cerca de 36 milhões de hectares de terra na Etiópia são elegíveis para o MDL.

2.8.3 Métodos de medição do stock de carbono em diferentes reservatórios de carbono

2.8.3.1 Medição da biomassa acima do solo (AGB)

A avaliação da biomassa das árvores acima do solo pode ser efectuada de forma não destrutiva, utilizando equações de regressão alométrica da biomassa. A biomassa vegetal acima do solo inclui todos os caules lenhosos, ramos e folhas de árvores vivas, trepadeiras e epífitas, bem como plantas de sub-bosque e crescimento herbáceo. A biomassa e o carbono armazenados são estimados a partir do diâmetro à altura do peito (DAP) ou de uma combinação de DAP e altura total, utilizando equações alométricas relevantes a nível local (Brown et al., 2004).

As medições da reserva de C acima do solo (sequestro) são derivadas diretas das medições/estimativas da biomassa acima do solo (AGB), partindo do princípio de que 50% da biomassa é constituída por C. A estimativa da biomassa das árvores através da colheita da árvore inteira é uma abordagem antiga: consiste em abater árvores de amostra, separar várias partes (caule, folhas, inflorescência, etc.), escavar e lavar as raízes, determinar os seus pesos secos a partir de amostras de cada parte e somá-los para obter a biomassa total. Utilizando os dados, as equações alométricas são desenvolvidas como modelos de regressão com as variáveis medidas, tais como o diâmetro à altura do peito (DAP), a altura total da árvore e, por vezes, a densidade da madeira, como variáveis independentes e o peso seco total como variável dependente. Com a crescente compreensão do papel das florestas no sequestro de C, foram desenvolvidas várias equações alométricas para diferentes tipos de florestas (Brown 1997; FAO 2004; Pearson et al., 2005). A seleção da equação alométrica adequada é um passo crucial na estimativa da biomassa arbórea acima do solo (AGTB) (Baker et al., 2004). Brown (Brown, 1997) publicou equações alométricas para ambientes tropicais, e apresenta valores de densidade da madeira para um grande número de espécies. O pressuposto de que 50% da biomassa (numa base de peso seco) é carbono é bem aceite (Brown, 2001; Hamburg, 2000), pelo que é fácil converter a biomassa medida em unidades de carbono.

2.8.3.2 Medição da biomassa viva subterrânea Trata-se de um conjunto importante que pode representar até 40% da biomassa total (Cairns *et al.*, 1997). No entanto, a amostragem direta pode ser muito dispendiosa e requer técnicas destrutivas (Brown, 2001). No entanto, este conjunto pode ser estimado com alguma exatidão, mas com menor precisão do que a biomassa aérea.

Um dos descritores mais comuns da relação entre a biomassa radicular (abaixo do solo) e a biomassa de rebentos (acima do solo) é o rácio raiz-rabo, que se tornou o método padrão para estimar a biomassa radicular a partir da biomassa de rebentos, mais facilmente medida. As medições da biomassa radicular são, de facto, muito incertas (Geider et al., 2001).

Para evitar medir as raízes, é essencial adotar uma abordagem conservadora, com uma relação raiz/parte aérea (relação R/S) constante, recomendada por MacDicken (1997), para estimar a biomassa radicular em pelo menos 10% ou 15% da biomassa acima do solo. A fim de simplificar o processo de estimativa da biomassa abaixo do solo, MacDicken (1997) recomendou a utilização de um rácio raiz/parte aérea de 1:5, ou seja, para estimar a biomassa abaixo do solo como 20% da biomassa da árvore acima do solo. Contudo, os rácios diferem consideravelmente entre espécies e com as caraterísticas do local e a idade do povoamento (por exemplo, mais elevado nas palmeiras do que nas dicotiledóneas) e entre regiões ecológicas (por exemplo, mais elevado em climas frios do que em climas quentes). Na ausência de valores medidos, muitos investigadores assumem que a biomassa subterrânea constitui uma parte definida da biomassa aérea e os valores assim assumidos variam entre 25% e 40%, dependendo de factores como a natureza da planta e o seu sistema radicular e as condições ecológicas.

2.8.3.3 Folhas de árvores

Para determinar a biomassa da folhada, as amostras são colhidas destrutivamente no campo numa pequena área de 1 m^2 . As amostras frescas são pesadas no campo com uma precisão de 0,1 g; e uma subamostra bem misturada é então colocada num saco marcado. A subamostra é utilizada para determinar a relação entre a massa seca e húmida na estufa, que é utilizada para converter a massa húmida total em massa seca na estufa. Uma subamostra é levada para o laboratório e seca em estufa até peso constante para determinar o teor de água (IPCC, 2006).

2.8.3.4 Carbono orgânico do solo (SOC)

O solo é o maior reservatório de carbono do ecossistema terrestre e desempenha um papel fundamental no orçamento global do carbono e no efeito de estufa (Jha et al., 2003). O carbono orgânico do solo é de importância fundamental para a saúde do solo, uma vez que afecta os três aspectos da fertilidade do solo, nomeadamente a fertilidade química, física e biológica. Os solos contêm aproximadamente dois terços do C armazenado nos ecossistemas florestais temperados (Dixon et al., 1994).

Os níveis de SOC nos solos dependem muito das práticas de gestão que afectam as entradas, bem como a remoção de materiais de carbono, nomeadamente a produção primária líquida, a qualidade dos resíduos orgânicos, a gestão dos resíduos (por exemplo, queima, incorporação), a gestão do solo (por exemplo, lavoura) e a gestão do gado (Smith et al., 200).

A quantidade de carbono armazenado por hectare é obtida tendo em conta a profundidade do solo (cm), a densidade aparente (g cm-2) e a percentagem do teor de carbono orgânico do solo (SOC). A profundidade de amostragem para determinar o teor de carbono é de 30 cm (a profundidade padrão prescrita pelo IPCC (2006), com base em descobertas que sustentam que até 60% do carbono armazenado foi encontrado a esta profundidade (Russell et al., 2007; Schedlbauer e Kavanagh, 2008) e que a profundidades mais baixas, o carbono armazenado tende a ser mais estável, uma vez que o solo é menos alterado por práticas de mecanização ou por mudanças na cobertura florestal. Para obter um inventário exato do carbono orgânico, é necessário ter em conta a profundidade do solo, a densidade aparente do solo (calculada a partir do peso do solo seco em estufa de um volume conhecido de material amostrado) e as concentrações de carbono orgânico na amostra (Lal et al., 2001).

3. MATERIAIS E MÉTODOS

3.1 Descrição da área de estudo

3.1.1 Localização geográfica

Este estudo foi efectuado no distrito de Dembecha, Estado Regional Nacional de Amhara, no noroeste da Etiópia, situado entre 37^0 27' e 37^0 30' a leste, e 10^0 34' e 10^0 36' a norte, perto da cidade de Dembecha, na zona oeste de Gojam. O estudo abrange 543 hectares. A floresta está rodeada por sete kebeles rurais. As plantas naturais da floresta foram desflorestadas e convertidas em plantações através de programas de reabilitação. A floresta tem um gradiente altitudinal que vai de 2249 m a 2470 m acima do nível do mar. Esta floresta contém diversas espécies de fauna e flora que se encontram atualmente em perigo.

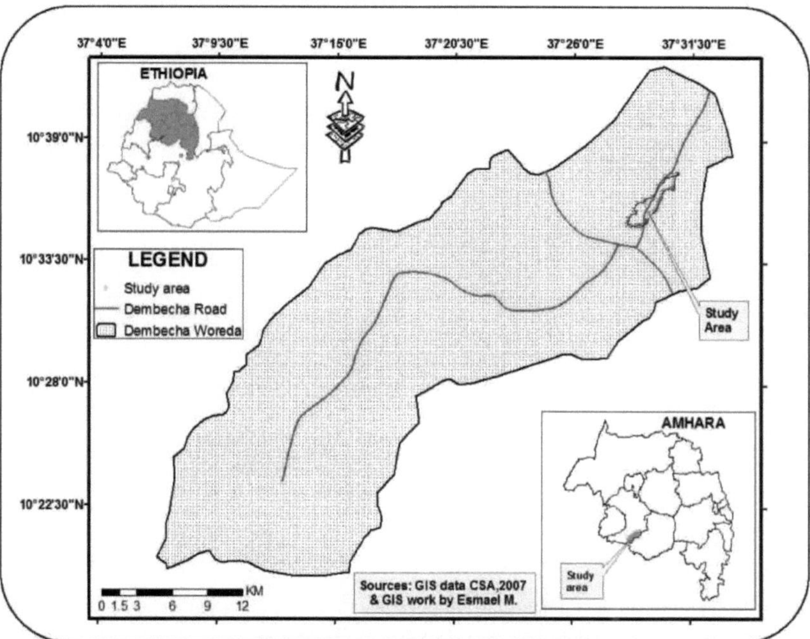

Figura 1: Mapa da Etiópia mostrando os Estados regionais e a área de estudo

3.1.2 Topografia

A topografia da Floresta Estatal de Sekelemariam é caracterizada por planaltos dissecados, delimitados por terras cultivadas em todas as direcções. A vegetação florestal natural está concentrada nas altitudes médias e mais baixas, enquanto a altitude superior, que é a área do planalto superior da floresta, é maioritariamente ocupada por plantações. As plantações também se encontram dispersas em algumas zonas planas das altitudes médias. A floresta é dividida em duas pela estrada principal, que se estende da cidade de Dembecha à cidade de Feresbet. Caracteriza-se por zonas de declive acentuado, com enormes montanhas rochosas que se estendem pelas partes centrais da floresta. A floresta é também constituída por rios pequenos e sazonais que drenam do cimo da floresta para as zonas de povoamento mais baixas.

3.1.3 Clima

Os dados de precipitação e temperatura da área de estudo foram recolhidos da Agência Nacional de Meteorologia de Adis Abeba. A precipitação média anual da área de estudo é de 1502,01 mm, variando entre um mínimo de 1283,10 mm em 2009 e um máximo de 1639,4 mm em 2010, com as chuvas a caírem principalmente entre o final de maio e setembro. No entanto, há queda de chuva em quase todos os meses do ano em diferentes quantidades por estação, desde uma pequena quantidade de humidade até chuva forte para a floresta, exceto em dezembro e janeiro, na maioria dos casos sem precipitação. Como mostra a Figura 2, a maior quantidade de precipitação ocorre entre julho e agosto. A temperatura média da área circundante é de cerca de 18,74° C com um máximo de 27,04^0 C e um mínimo de 9,65° C que foi registado de 2005 a 2010 G.C.

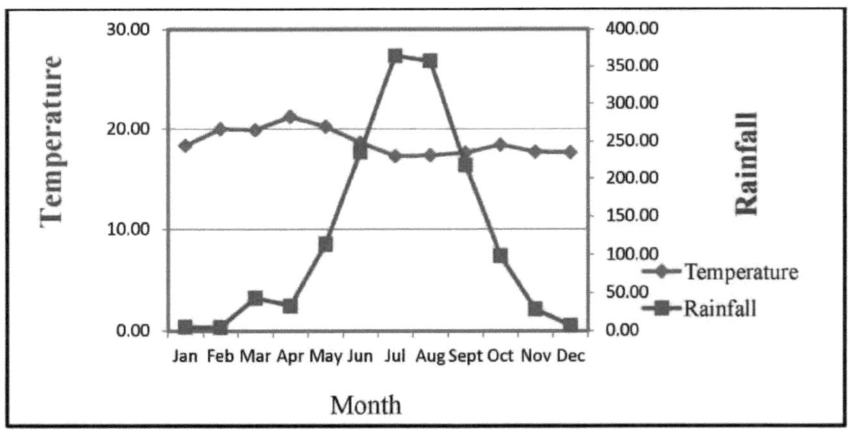

Figura 2: Precipitação média mensal e temperatura do distrito de Dembecha de 2005 a 2010 (Fonte: Serviço da Agência Nacional de Meteorologia, Addis Abeba)

3.2 Tipo de dados

A fim de recolher os dados relevantes, foram utilizados dados primários e secundários. Os dados primários relevantes para este estudo foram recolhidos a partir de dados obtidos em medições de campo e análises laboratoriais para estimar o stock de carbono da floresta em estudo. Foram também recolhidos dados secundários de materiais publicados e não publicados, inventários, livros, revistas, artigos, relatórios e sítios Web electrónicos.

3.3 Metodologia

3.3.1 Delimitação da área de estudo

A delimitação dos limites do estudo com recurso a GPS e a estratificação da área de estudo em função do gradiente ambiental foi o primeiro passo para medir e estimar as reservas de carbono nos reservatórios de carbono acima referidos.

3.3.2 Técnicas de amostragem

A abordagem por transectos foi mais adequada e aplicada para a amostragem da vegetação. Por conseguinte, foi efectuada deliberadamente em áreas onde existem gradientes ambientais acentuados, de acordo com Kent e Coker (1992). Os locais de amostragem da floresta foram organizados por transectos de linha desde a zona inferior da floresta até às direcções superiores, cobrindo toda a gama de altitudes. As linhas de transecto foram colocadas num intervalo a partir da base, do meio da floresta e do topo. Estas linhas projectam-se da direção sul para a direção norte. Uma parcela de 10 m x 20 m (200 m^2) foi aplicada ao longo das linhas de transecto a uma distância de aproximadamente 200 m a 250 m entre cada parcela.

3.3.3 Estratificação da área de estudo

Se a área de estudo consistir em dois ou mais ecossistemas ou tipos de solo importantes, os projectos maiores ou mais complexos podem ter sido divididos em dois ou mais tipos de povoamento na fase inicial. Se isto conseguir reduzir significativamente a variabilidade dentro de cada um dos povoamentos resultantes, pode reduzir o número total de parcelas que precisam de ser medidas, reduzindo assim os custos e o esforço.

Em seguida, após a delimitação da área do projeto, o local de estudo foi dividido em diferentes estratos de unidades homogéneas, com base nos gradientes altitudinais da floresta: inferior, médio e superior. Isto ajuda a aumentar a exatidão e a precisão da medição e da estimativa do carbono. Existem diferentes opções potenciais de estratificação, incluindo: utilização do solo, composição de espécies, declive, drenagem, altitude, proximidade de povoação; aspeto e posição das encostas das colinas (Bhishma et al., 2010). Assim, a altitude foi tomada como critério de estratificação, uma vez que a área de estudo tem uma variação altitudinal que é facilmente possível determinar a relação entre o gradiente ambiental e o stock de carbono florestal da área de estudo.

3.3.4 Tamanho e forma das parcelas de amostragem

A determinação da dimensão e da forma das parcelas de amostragem é um passo crucial para manter o equilíbrio entre exatidão, precisão e tempo (custo) de medição. As parcelas de amostragem que contêm subunidades mais pequenas de várias formas e tamanhos são rentáveis, dependendo das variáveis a medir. Segundo Brown (1997), embora tanto as parcelas rectangulares como as circulares sejam aplicáveis na maioria das medições de carbono florestal, as parcelas rectangulares são mais vantajosas e recomendadas para este estudo. Isto porque as parcelas rectangulares tendem a incluir mais heterogeneidade dentro da parcela, sendo assim mais representativas em comparação com as parcelas circulares da mesma área. Quanto mais variável for a plantação, mais parcelas serão necessárias para amostrar a variabilidade. Os factores que afectam a variabilidade incluem o número de espécies, o tipo de solo, a técnica de estabelecimento, a inclinação e o aspeto, e a forma de crescimento. Por conseguinte, foi utilizada uma parcela quadrangular de 10 m x 20 m (200 m^2) para a amostragem da vegetação. Em cada parcela, as árvores com um DAP > 5 cm foram medidas quanto ao DAP e à altura.

3.4 Medições no terreno

- **Levantamento da vegetação: Medição do diâmetro e da altura**

O DAP e a altura de todas as árvores com um diâmetro de 5 cm no local de estudo foram medidos da seguinte forma: O diâmetro (a 1,3 m acima do solo, exceto em caso de anomalia) de todas as árvores vivas (plantas lenhosas) foi medido com uma fita de diâmetro. As árvores com caules múltiplos a 1,3 m de altura foram tratadas como um único indivíduo, tendo sido medido o DAP do maior caule. A amostra de folhada foi recolhida em quatro sub-quadrados de 1 m x 1 m (m2) em cada canto do quadrado. Foi recolhido um total de 100 gramas de amostra mista de cada quadrado. Todas as amostras de folhada no subquadrado foram recolhidas manualmente. O peso húmido de cada amostra foi medido e foi retirada uma subamostra de 100 g de cada amostra para análise laboratorial.

A altitude foi medida para cada parcela de amostra utilizando GPS 60 com um nível de precisão de ±7/8 e, para cada parcela de amostra, as coordenadas de latitude e longitude foram registadas em coordenadas UTM. Do mesmo modo, o declive de cada parcela foi registado com um clinómetro. Para identificar as espécies arbóreas com diâmetro de 5c m, foi efectuada uma lista completa das árvores de cada parcela. Os espécimes vegetais foram recolhidos, prensados, secos e identificados no Herbário Nacional da Universidade de Adis Abeba, utilizando espécimes do Herbário e volumes publicados da Flora da Etiópia e da Eritreia.

3.5 Estimativa do stock de carbono

As principais actividades de medição do carbono durante a recolha de dados no terreno incluíram medições da biomassa das árvores acima do solo, do folhedo, da madeira morta e da biomassa abaixo do solo e do carbono orgânico do solo. As medições adequadas, seguidas do registo dos valores para as entidades acima mencionadas, foram realizadas conforme indicado abaixo.

i. Biomassa arbórea acima do solo (AGTB)

O DAP (a 1,3 m) e a altura das árvores individuais com um DAP igual ou superior a 5 cm foram medidos em cada parcela retangular permanente de 200 m^2 utilizando uma fita linear, partindo do limite e indo para o interior, e marcando cada árvore para evitar que fosse contada duas vezes acidentalmente. Cada árvore foi registada individualmente, juntamente com o seu nome vernacular e código de identificação.

O passo seguinte foi a avaliação da biomassa acima do solo através de avaliações não destrutivas. As equações de regressão da biomassa com base no DAP e na altura, derivadas de florestas tropicais, foram aplicadas para calcular a biomassa acima do solo e a análise da classe de tamanho para avaliar o estado do ecossistema florestal.

ii. Cama de Folhas

Foram estabelecidas quatro subparcelas rectangulares de um metro quadrado (1 m^2) no interior da parcela maior. A folhagem dentro das subparcelas de 1 m^2 foi recolhida e pesada. No entanto, as ervas e a erva (todas as plantas não lenhosas) não foram incluídas neste estudo. Cem gramas de folhada uniformemente misturada de cada subamostra foram levadas para o laboratório, colocadas num saco de plástico para determinar o teor de humidade, a partir do qual foi calculada a massa seca total (Bhishma et al., 2010). A massa seca total foi determinada no laboratório após secagem em estufa da amostra durante 48 horas a 650° C, utilizando o método de incineração por via seca segundo Allen et al., (1986). As amostras secas na estufa foram colocadas em cadinhos previamente pesados. As amostras foram inflamadas a 550° C durante uma hora numa mufla. Após arrefecimento, os cadinhos com cinzas foram pesados e a percentagem de carbono orgânico foi calculada. Finalmente, foi determinado o carbono na folhagem t ha^{-1} para cada local. A madeira morta abatida não foi considerada neste estudo devido à ausência de madeira morta abatida nos locais de estudo.

iii. Carbono orgânico do solo

O carbono orgânico do solo foi determinado através de amostras recolhidas a partir da profundidade padrão de 30 cm prescrita pelo IPCC (2006). As amostras de solo para a determinação do carbono do solo foram recolhidas nos mesmos sub-quadrados de amostragem recomendados para a amostragem da folhada. Aproximadamente, perto do centro de cada parcela e/ou subparcela, foram cavadas covas de até 30 cm de profundidade para melhor representar os tipos de floresta em termos de declive, vegetação, densidade e cobertura. Cem gramas de amostra composta foram recolhidas de uma parcela a uma profundidade de 30 cm, escavando o solo com a ajuda de um corer de amostragem normalizado de 300 cm^3 . As amostras de solo recolhidas na parcela foram etiquetadas e levadas para o laboratório, sendo colocadas em sacos de plástico para amostras. As amostras foram levadas para o Centro de Investigação Agrícola de Holeta. Em seguida, foram determinadas a densidade aparente e as quantidades de carbono orgânico do solo.

3.6 Estimativa do carbono em diferentes reservatórios de carbono

3.6.1 Estimativa da biomassa arbórea acima do solo (AGTB)

Os métodos de avaliação da biomassa aqui descritos são maioritariamente aplicados às florestas. A seleção da equação alométrica adequada é crucial para estimar a biomassa das árvores acima do solo (AGTB). Bhishma et al. (2010) definiram a equação alométrica como uma relação estatística entre a(s) dimensão(ões) caraterística(s) principal(is) das árvores que são relativamente fáceis de medir, como o DAP ou a altura, e outras propriedades que são mais difíceis de avaliar, como a biomassa acima do solo. Permitem estimar quantidades que são difíceis ou dispendiosas de medir com base numa única (ou, no máximo, em algumas) medições43eeeeee.

Existem diferentes equações alométricas que foram desenvolvidas por muitos investigadores para estimar a biomassa acima do solo. Estas equações são diferentes consoante o tipo de espécie, a localização geográfica, o tipo de povoamento florestal, o clima e outros. Por conseguinte, a aplicação destas equações à área de estudo é vantajosa do ponto de vista do custo e do tempo. Entre estas diferentes equações, o modelo desenvolvido por Brown et al. (1989) foi considerado mais recomendável para o local de estudo, uma vez que a área possui os critérios gerais descritos pelo autor. Assim, a equação aplicada para o cálculo da biomassa acima do solo é apresentada de seguida:

$$Y= 34,4703 - 8,0671(DAP) + 0,6589(DAP^2) \quad (eq.1)$$

Onde Y é a biomassa acima do solo, DBH é o diâmetro à altura do peito.

3.6.2 Estimativa da biomassa abaixo do solo (BGB)

Em qualquer sistema biológico, o C está presente em várias formas conhecidas em reservatórios e compartimentos. Nos sistemas terrestres, é conveniente dividir estas reservas em reservatórios acima do solo e abaixo do solo. Em termos relativos, a estimativa da biomassa subterrânea é muito mais difícil e demorada do que a estimativa da biomassa aérea (Geider et al., 2001). De acordo com MacDicken (1997), o método padrão para estimar a biomassa abaixo do solo pode ser obtido como 20% da biomassa da árvore acima do solo, ou seja, é utilizado o valor do rácio raiz/parte aérea de 1:5. Do mesmo modo, Pearson *et al.* (2005) descreveram este método como sendo mais eficiente e eficaz para aplicar um modelo de regressão para determinar a biomassa abaixo do solo a partir do conhecimento da biomassa acima do solo. Assim, a equação desenvolvida por MacDicken (1997) para estimar a biomassa abaixo do solo foi aplicada neste estudo. A equação é apresentada a seguir:

$$BGB = AGB \times 0,2 \text{--} (eq.2)$$

Onde, BGB é a biomassa abaixo do solo, AGB é a biomassa acima do solo, 0,2 é o fator de conversão (ou 20% da AGB).

Para simplificar o processo de estimativa da biomassa abaixo do solo, foi utilizado um rácio de raiz para rebento de 1:5 (MacDicken, 1997) porque 20% da biomassa acima do solo é biomassa abaixo do solo. Assim, a biomassa abaixo do solo foi estimada multiplicando a biomassa acima do solo por um fator de 0,2.

Biomassa abaixo do solo = Biomassa florestal acima do solo x 0,2. Uma vez que o teor de carbono da biomassa é de cerca de 50% em peso seco, o stock de carbono na biomassa foi estimado utilizando a fórmula:

Biomassa C stock = Biomassa x 0,5 ---(eq.3)

O stock de carbono da biomassa foi então convertido em equivalente de CO_2 da seguinte forma:

CO_2 eq = biomassa C x 3,67---(eq.4)

Tanto para o AGB como para o BGB, a densidade de biomassa foi obtida em kg m^2 dividindo a soma de todos os pesos individuais (em kg) de uma parcela de amostragem pela área da parcela de amostragem. O valor foi convertido em t ha^{-1} multiplicando-o por 10. O teor de carbono na biomassa é estimado multiplicando-o por 0,5, enquanto o fator de multiplicação 3,67 deve ser utilizado para estimar o equivalente de CO_2 (Pearson et al., 2005).

3.6.3 Estimativa dos stocks de carbono na biomassa de folhada

De acordo com Pearson *et al.* (2005), a estimativa da quantidade de biomassa na folhagem pode ser calculada por

$$LB = \frac{Wfield}{A} * \frac{Wsub\_sample(dry)}{Wsub\_sample(fresh)} * \frac{1}{10,000} \text{--------------------} (eq.5)$$

Onde: LB = Folhada (biomassa de folhada t ha $)^{-1}$

W_{field} = peso da amostra húmida de folhada recolhida numa área de 1 m^2 (g);

A = dimensão da zona em que a folhada foi recolhida (ha);

W subamostra, seca = peso da subamostra de cama seca em estufa, levada para o laboratório para determinação do teor de humidade (g), e

W subamostra fresca = peso da subamostra fresca de cama levada para o laboratório para determinação do teor de humidade (g).

A percentagem de armazenamento de carbono orgânico proveniente da incineração a seco no reservatório de carbono da folhada foi calculada da seguinte forma (Allen et al., 1986):

%Ash = Wc-Wa * 100--- (eq.6)

Wb-Wa

%C= (100-Ash %)* 0,58

Onde, C= carbono orgânico (%)

Wa= peso do cadinho (g)

Wb= peso das amostras moídas e dos cadinhos secos em estufa (g)

Wc = peso das cinzas e dos cadinhos (g)

As reservas de carbono na biomassa de folhada morta são

C_L = LB x % C--(eq.7);

em que C_L é o carbono total armazenado na folhada morta em t ha^{-1} , % C é a fração de carbono determinada em laboratório (Pearson et al., 2005).

3.6.4 Estimativa das existências de carbono na madeira morta:

Madeira morta em pé

Para a madeira morta em pé que tem ramos, recomenda-se que seja medida utilizando a equação algométrica selecionada para a estimativa da biomassa acima do solo. Por outro lado, se esta madeira morta em pé não tiver folhas, recomenda-se a subtração da biomassa das folhas (cerca de 2-3 por cento da biomassa acima do solo para espécies de folhosas/folhas largas e 5-6 por cento para espécies de folhosas/coníferas) (Pearson et al., 2005).

3.6.5 Estimativa do carbono orgânico do solo

A densidade de carbono do carbono orgânico do solo pode ser calculada, como recomendado por Pearson *et al.* (2005), a partir do volume e da densidade aparente do solo, da seguinte forma

$V = h \times \pi r^2$ .... *(eq.8)*;

onde V é o volume do solo no trado do amostrador em cm^3 , h é a altura do trado do amostrador em cm, e r é o raio do trado do amostrador em cm (Pearson et al., 2005). Além disso, a densidade aparente de uma amostra de solo pode ser calculada da seguinte forma

$$BD = \frac{Wav,\ dry}{V} \text{.......................................} (eq.9);$$

em que BD é a densidade aparente da amostra de solo por, $W_{av,\ seco}$ é o peso médio do solo seco ao ar

3 amostra por quadrante, V é o volume da amostra de solo no trado do amostrador em cm^3 (Pearson et al., 2005).

$$SOC = BD * d * \% C \text{.......................................} (eq.10);$$

em que SOC = stock de carbono orgânico do solo por unidade de superfície (t ha^{-1}), BD = densidade aparente do solo (g cm^{-3}),

D = a profundidade total a que a amostra foi colhida (30 cm), e

%C = Concentração de carbono (%).

3.6.6 Densidade do stock de carbono total

A densidade do carbono armazenado das florestas é calculada através da soma das densidades do carbono armazenado dos conjuntos de carbono individuais do estrato, utilizando a fórmula de Pearson *et al.* (2005). Para além disso, recomenda-se que qualquer reservatório de carbono individual da fórmula dada possa ser ignorado se não contribuir significativamente para o stock total de carbono (Bhishma et al., 2010).

A densidade do stock de carbono de uma área de estudo é

$$_{Densidade}C = C_{AGB} + C_{BGB} + C_{Lit} + C_{DWS} + SOC \text{.......................................} (eq.11);$$

onde:

$_{Densidade}C$ = Densidade do stock de carbono para todos os charcos [ton ha $]^{-1}$

C_{AGTB} = Carbono na biomassa arbórea acima do solo [t C ha $]^{-1}$

C_{BGB} = Carbono na biomassa abaixo do solo [t C ha^{-1}] C_{Lit} =Carbono na folhada morta [t C ha $]^{-1}$

C_{DWS} =Carbono em madeira morta e cepos

SOC = Carbono orgânico do solo

O stock total de carbono é então convertido em toneladas de CO_2 equivalente multiplicando-o por 44/12, ou 3,67 (Pearson et al., 2007).

3.7 Análise de dados

A análise dos dados foi efectuada utilizando a folha Microsoft Excel e o software SPSS versão 16. A biomassa acima do solo (árvores) em toneladas foi calculada utilizando a equação alométrica de Brown et al. (1989). Os dados recolhidos a partir de medições de campo, como a altura das árvores, o diâmetro das árvores à altura do peito e o peso fresco da biomassa da folhada e do solo, e os dados determinados a partir de análises laboratoriais, como o peso seco da biomassa da folhada e do solo, a densidade aparente do solo e da folhada e os teores de carbono do solo, foram analisados utilizando o Microsoft Excel como plataforma para os cálculos da biomassa e do carbono, bem como o software Statistical Product for Service Solutions (SPSS) versão 16 para determinar a relação entre as variáveis dependentes e independentes e outros parâmetros estatísticos. Foi utilizado um teste T simples para calcular os valores médios e os erros padrão médios das variáveis.

A Análise de Variância (one-way ANOVA) foi também aplicada para determinar as diferenças estatisticamente significativas entre os valores médios dos stocks de carbono ao longo dos factores ambientais (variáveis) a 0,05 de intervalo de confiança.

4. RESULTADOS

4.1 Estrutura da floresta e composição das espécies

O potencial de armazenamento médio de carbono a longo prazo foi calculado separadamente para cada uma das diferentes espécies. Assim, neste estudo, foram registadas trinta e três espécies de árvores (para este estudo específico de estimativa do stock de carbono) do local de estudo, a Floresta Estatal de Sekelemariam. Entre estas espécies, *Croton macrostachys* representou o número máximo de 254 (16,61%) do total de espécies, seguido de *Cupressus lusitanica*, que representou 187 (12,23%) dos troncos no local de estudo. *O Eucalyptus citriodora, o E. globuls, a Acacia abyssinica* e *a Albizzia schimperiana* foram encontrados como espécies dominantes a seguir às duas espécies mais dominantes acima mencionadas, respetivamente. Espécies como *Acacia mearnsii, Calpurnia auria, Bersama abyssinica, Maesa lanceolata* e *Buddeleja polystachya* foram espécies relativamente dominantes, enquanto as restantes espécies arbóreas foram encontradas esparsamente distribuídas no sítio de estudo. *Carissa spinrum, Dovgalis abyssinica* e *Schrebera alata* foram encontradas com quatro indivíduos *representativos* cada, enquanto *Terminalia schimperiana, Protea gaguedi, Schefflera abyssinica* e *Richia albersii* foram encontradas em menor número, com apenas um indivíduo cada na floresta em estudo. Das 33 espécies examinadas no estudo, *Croton macrostachyus* contribuiu com a maior densidade global de troncos, com 192,42 árvores por ha, enquanto a densidade mais baixa foi seguida por *Cupressus lusitanica, Albizzia schimperiana, Eucalyptus citriodora, Eucalyptus globulus* e *Acacia abyssinica,* que constituem a segunda maior densidade de árvores, com 141,67, 104,55, 103,03 e 96,97 árvores ha^{-1} , respetivamente. As duas espécies dominantes em termos de densidade de troncos foram *Croton macrostachyus* e *Cupressus lusitanica* com uma densidade de troncos de 192,42 árvores ha^{-1} e 141,67 árvores ha-1, respetivamente.

Os valores de frequência, percentagem de frequência e densidade de espécies por ha e densidade relativa de espécies são apresentados no Quadro 1.

Tabela 1: H médio, DAP médio e percentagem de frequência, frequência relativa, densidade de espécies/parcela e densidade relativa de espécies

Não	Nome científico	Média H	DAP médio	Percentagem de frequência	Frequência relativa	Densidade Spp /ha	Densidade relativa
1	*Eucalipto globulus*	28.91	29.83	22.73	6.53	103.03	8.895
2	*Eucalipto citriodora*	28.66	24.01	10.61	3.05	104.55	9.026
3	*Eucalipto camaldulensis*	32.36	39.10	7.58	2.18	16.67	1.439

4	*Acácia abissínia*	18.63	26.04	46.97	13.50	96.97	8.371
5	*Croton macrostachys*	18.21	18.22	53.03	15.24	192.42	16.612
6	*Albizzia schimperiana*	17.28	16.01	25.76	7.40	139.39	12.034
7	*Cupressus lusitanica*	27.67	21.61	36.36	10.45	141.67	12.230
8	*Acácia-negra*	21.32	22.29	7.58	2.18	44.70	3.859
9	*Acácia amygdalina*	11.83	18.24	13.64	3.92	22.73	1.962
10	*Bersama abyssinica*	11.47	11.33	9.09	2.61	35.61	3.074
11	*Alpurnia auria*	7.02	7.21	10.61	3.05	37.88	3.270
12	*Buddeleja polystachya*	9.98	13.65	15.15	4.35	31.82	2.747
13	*Buddeleja polystachya*	12.63	13.65	4.55	1.31	30.30	2.616
14	*Carissa edulis*	7.00	5.90	3.03	0.87	3.03	0.262
15	*Clausena anisata*	5.50	6.92	10.61	3.05	22.73	1.962
16	*Prunus africana*	21.50	25.59	3.03	0.87	9.09	0.785
17	*Maytenus senegalensis*	13.88	17.98	9.09	2.61	19.70	1.700
18	*Maytenus ovatus*	5.33	9.45	1.52	0.44	4.55	0.392
19	*Rosa abyssinica*	19.50	6.69	3.03	0.87	6.06	0.523
20	*Maytenus arbutifolia*	9.50	8.52	3.03	0.87	3.03	0.262
21	*Measa lanceolata*	9.14	9.71	16.67	4.79	33.33	2.878
22	*Terminalia schimperiana*	8.00	5.73	1.52	0.44	1.52	0.131
23	*Allopylus abyssinicus*	13.70	15.99	3.03	0.87	7.58	0.654
24	*Ficus sur.*	18.67	16.46	3.03	0.87	4.55	0.392
25	*Erythrina brucei*	20.67	32.91	1.52	0.44	9.09	0.785
26	*Olinia usambarensis*	9.21	9.14	9.09	2.61	10.61	0.916
27	*Prottea gaguedi*	3.00	6.37	1.52	0.44	1.52	0.131

Não	**Nome científico**	**Média H**	**DAP médio**	**Percentagem de frequência**	**Frequência relativa**	**Densidade Spp /ha**	**Densidade relativa**
28	*Scheffleria abyssmica*	12.50	19.11	1.52	0.44	1.52	0.131
29	*Dovialis abyssmica*	7.00	11.15	1.52	0.44	3.03	0.262
30	*Schrebera alata*	16.50	20.38	3.03	0.87	3.03	0.262
31	*Richia albersii*	12.00	15.29	1.52	0.44	1.52	0.131
32	*Rothmannia urcelliformis*	9.93	9.55	6.06	1.74	10.61	0.916
33	*Flacurtia indica*	10.17	24.52	1.52	0.44	4.55	0.392

Como se pode ver na tabela acima, *Croton macrostachyus* ocorreu com maior frequência, com 53,03% da frequência encontrada em 35 parcelas de 66, seguido de *Acacia abyssinica* (46,97%, em 31 parcelas), *Cupressus lusitanica* (36,36% em 24 parcelas), *Albizzia schimperiana* (25,76%, em 17 parcelas), *E. globulus* (22,73%, em 15 parcelas e *Terminalia schimperiana* (16,67%, em 11 parcelas), respetivamente. Por outro lado,

Buddeleja polystachya, Carissa spinarum, Prunus africana, Maytenus ovatus, Rosa abyssinica, Maytenus arbutifolia, Terminalia schimperiana, Allopylus abyssinicus, Ficus sur, Erythrina brucei, Prottea gaguedi, Scheffleria abyssinica, Dovyalis abyssinica, Schrebera alata, Richia albersii, Flacourtia indica foram as espécies menos frequentes, encontradas apenas numa ou duas parcelas de um total de 66 parcelas.

I. Distribuição das classes de dimensão em altura das árvores

Foram registados 1529 povoamentos de árvores de diferentes dimensões nas parcelas de amostragem para analisar a sua relação com a altura e o DAP. As espécies de *eucalipto, E. globulus, E. camaldulensis* e *E. citriodora* dominaram em altura. *Cupressus lusitanica* também cobriu a classe de altura máxima entre 31-40m. A altura da maioria das espécies de árvores no local de estudo situa-se entre 21-30 m, seguida das classes de altura de 11-20 m, as classes de altura média. *E. globulus, E. citriodora, E. camaldulensis,*

Acacia abyssinica, Croton macrostachys, Albizzia schimperiana, Cupressus lusitanica, Acacia mearnsii, Veronia amygdalina, Bersama abyssinica, Calpurnia auria, Buddeleja polystachya, Carissa spinarum, Clausena anisata, Prunus africana Maytenus senegalensis e *Maytenus ovatus* têm principalmente alturas entre 21-30 m. As restantes árvores têm alturas mais curtas e encontram-se nas classes de altura mais baixas. Poucas espécies arbóreas, como *a Acacia abyssinica* e *o Croton macrostachyus*, que têm maioritariamente grandes dimensões de DAP, têm uma altura baixa.

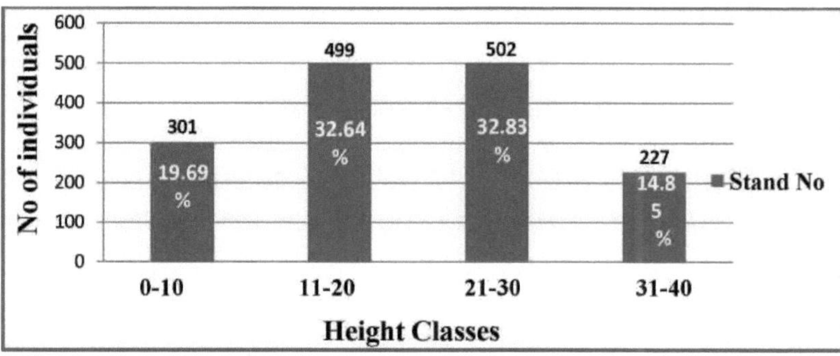

Figura 3: Distribuição das classes de tamanho em altura das árvores

De um modo geral, a classe de altura máxima do sítio de estudo estava inteiramente coberta por plantações, ao passo que as classes de altura média e quase todas as classes de altura mais baixa das árvores estavam ocupadas por plantas naturais. Isto indica que as grandes plantas naturais podem ser destruídas e substituídas por plantações através da reflorestação.

II. Distribuição das classes de dimensão do DAP das árvores

O maior número de árvores em todas as 66 parcelas pertencia às classes de DAP 5-15 e 15-25 cm. Entre todas as espécies examinadas neste estudo, apenas (2,94%) de *E. globulus* e (18,18%) de *E. camaldulensis* possuíam uma classe de DAP superior a 55 cm. Cerca de 4,41%, 9,09% e 7,81% de *E. globulus*, E. *camaldulensis* e *Acacia abyssinica* têm uma classe de DAP entre 45-55 cm, respetivamente. Estas espécies constituem as espécies vegetais de maior dimensão no sítio de estudo.

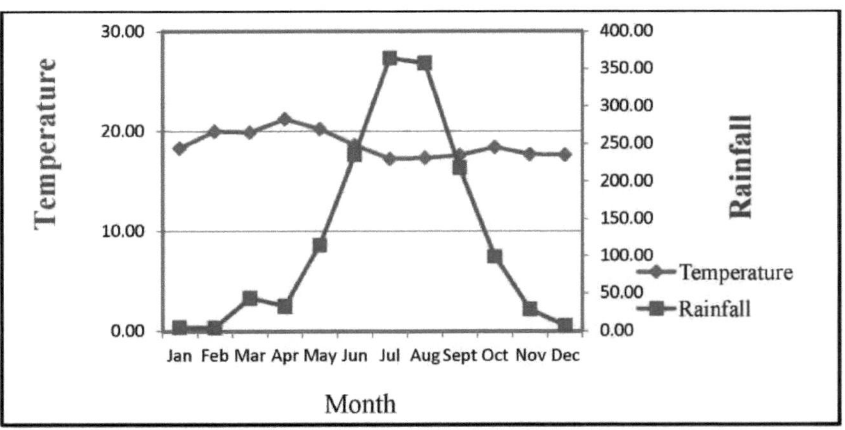

Figura 4: Distribuição das classes de tamanho do DAP das árvores

Aproximadamente mais de 65% destas espécies têm um DAP superior a 25 cm. Algumas espécies, tais como *Calpurnia auriea, Clausena anisata, Rosa abyssinica, Olinia rochetiana* e *Protea gaguedi*, possuem inteiramente a classe mais baixa de DAP (5-15 cm). As espécies de plantas que incluem *Croton macrostachyus, Vernonia amygdalina, prunus africana, Maytenus senegalensis, Ficus sur, Erythrina brucei, Scheffleria abyssinica, Schrebera alata* e *Ritchia albersii* têm mais de 50% do seu DBH entre 15-25 e 25-35 cm. Este facto revelou que estas espécies tinham maior densidade de caule e biomassa do que as espécies de maior DAP com DAP entre 35-45, 45-55 cm e >55 cm. O valor médio do DAP e da altura nesta floresta foi de 29,83 cm e 28,91 m, respetivamente.

Tabela 2: Distribuição das classes de DAP de cada espécie arbórea em percentagem

Código da árvore	Aulas de DBH											
	5-15		15-25		25-35		35-45		45-55		>55	
	Não	%	Não	%	Não	%	Não	%	Não	%	N o	%
1	14	10.29	30	22.06	46	33.82	38	27.94	6	4.41	4	2.94

2	24	17.39	46	33.33	66	47.83	4	2.90	0	0.00	0	0.00
3	2	9.09	0	0.00	10	45.45	4	18.18	2	9.09	4	18.18
4	18	14.06	50	39.06	26	20.31	22	17.19	10	7.81	0	0.00
5	111	43.70	93	36.61	36	14.17	9	3.54	0	0.00	3	1.18
6	100	54.35	52	28.26	28	15.22	4	2.17	0	0.00	0	0.00
7	44	23.53	184	98.40	94	50.27	22	11.76	0	0.00	0	0.00
8	8	13.56	32	54.24	18	30.51	0	0.00	0	0.00	0	0.00
9	10	33.33	14	46.67	4	13.33	2	6.67	0	0.00	0	0.00
10	40	85.11	7	14.89	0	0.00	0	0.00	0	0.00	0	0.00
11	50	100	0	0.00	0	0.00	0	0.00	0	0.00	0	0.00
12	26	61.90	15	35.71	0	0.00	0	0.00	0	0.00	0	0.00
13	30	75.00	8	20.00	0	0.00	2	5.00	0	0.00	0	0.00
14	4	100	0	0.00	0	0.00	0	0.00	0	0.00	0	0.00
15	30	100	0	0.00	0	0.00	0	0.00	0	0.00	0	0.00
16	0	0.00	8	66.67	4	33.33	0	0.00	0	0.00	0	0.00
17	6	23.08	18	69.23	4	15.38	0	0.00	0	0.00	0	0.00
18	6	100	0	0.00	0	0.00	0	0.00	0	0.00	0	0.00
19	8	100	0	0.00	0	0.00	0	0.00	0	0.00	0	0.00
20	4	100	0	0.00	0	0.00	0	0.00	0	0.00	0	0.00
21	36	81.82	6	13.64	2	4.55		0.00	0	0.00	0	0.00
22	2	100	0	0.00	0	0.00	0	0.00	0	0.00	0	0.00
23	6	60.00	4	40.00	0	0.00	0	0.00	0	0.00	0	0.00
24	6	100	6	100	0	0.00	0	0.00	0	0.00	0	0.00
25	0	0.00	4	33.33	0	0.00	0	0.00	0	0.00	0	0.00
26	14	100	0	0.00	0	0.00	0	0.00	0	0.00	0	0.00
27	2	100	0	0.00	0	0.00	0	0.00	0	0.00	0	0.00
28	0	0.00	2	100	0	0.00	0	0.00	0	0.00	0	0.00
29	4	100	0	0.00	0	0.00	0	0.00	0	0.00	0	0.00
30	2	50.0	2	50.00	0	0.00	0	0.00	0	0.00	0	0.00
31	0	0.00	2	100	0	0.00	0	0.00	0	0.00	0	0.00
32	12	85.71	2	14.29	0	0.00	0	0.00	0	0.00	0	0.00
Código da	Aulas de DBH											
	5-15		15-25		25-35		35-45		45-55		>55	
	Não	%	Não	%	Não	%	Não	%	Não	%	N o	%
33	2	33.33	2	33.33	0	0.00	0	0.00	2	33.33	0	0.00

Como podemos ver na tabela 2, as árvores de plantação dominaram as classes de DAP mais altas, enquanto as classes de DAP médias e baixas foram ocupadas por indígenas. No entanto, a população de plantas relativamente mais densa foi encontrada nas classes médias de DAP. Isto também indica a presença de muitos indivíduos arbóreos com elevada capacidade de sequestrar uma quantidade significativa de carbono atmosférico na sua grande biomassa.

4.1.2 Stock de carbono acima e abaixo do solo

4.1.2.1 Estoque de carbono acima do solo

O stock mínimo e máximo de carbono acima do solo em cada parcela foi de 12,19 e 479,9 toneladas ha^{-1} , respetivamente. O AGB médio global de todas as espécies de árvores examinadas no local de estudo foi de 51.30 ± 11.42 toneladas ha^{-1} por espécie, enquanto o stock médio de carbono foi calculado em 25.65 ± 5.71^{-1}. O armazenamento médio de CO_2 acima do solo foi também estimado em 94,14± 6 toneladas por ha. Em geral, uma única árvore na floresta pode sequestrar uma média de 0.39 ± 0.02 toneladas de CO_2 e 0.11 ± 0.01 toneladas de C, respetivamente. O conteúdo mínimo e máximo de carbono acima do solo por espécie foi estimado em aproximadamente 0,51 toneladas ha^{-1} (em *Allophylus abyssinicus* e *Protea gaguedi* e 126,33 toneladas (*E. citriodora*) por espécie, respetivamente. Entre as 33 espécies examinadas, o stock médio máximo de carbono por árvore única foi calculado em *Eucalyptus camaldulensis* como 0,46 ton/árvore, enquanto E. *globulus* e *Acacia abyssinca* contribuíram com o segundo e terceiro maiores stocks médios de carbono (0,23 ton e 0,18 ton por árvore única, respetivamente). A floresta produz uma biomassa média acima do solo e uma reserva de carbono de 239,75 t ha^{-1} e 119,88 toneladas de C ha-1, respetivamente.

4.1.2.2 Reservatório de carbono subterrâneo

O carbono máximo e mínimo abaixo do solo para todas as espécies individuais, bem como o maior e o menor stock médio de carbono abaixo do solo, são constituídos por espécies semelhantes do pool de carbono acima do solo. Da mesma forma, a biomassa mínima abaixo do solo e o estoque de carbono por parcela foram de 4,87 toneladas ha^{-1} e 2,44 t C ha^{-1} , respetivamente. Os valores máximos de BGB e BGC também foram calculados em 191,97 toneladas ha^{-1} e 95,98 toneladas ha^{-1} , respetivamente. No entanto, o maior carbono abaixo do solo foi estimado em *E. citriodora* como 25,26 toneladas ha^{-1} .*E. Globulus (*21,27 toneladas ha-1) possui o segundo maior teor de carbono. *A E. camaldulensis (*20,43 *ton ha-1), a Acacia mearnsii (*12,24 ton ha-1*)* e *a Flacourtia indica (*12,13 ton ha^{-1}) registaram uma quantidade relativamente elevada de carbono armazenado, ao lado da segunda espécie com maior teor de carbono no subsolo. Estas espécies têm também uma média máxima de reservas de carbono por árvore. Por outro lado, as espécies arbóreas registadas com o menor teor médio de carbono acima do solo têm também o menor teor de carbono abaixo do solo estimado, 0,1 tonelada C em *Carissa spinarum*. O teor médio de carbono abaixo do solo de todas as espécies no local de estudo foi calculado em 24,34 toneladas ha^{-1} . O CO_2 médio abaixo do solo foi também calculado a partir do stock de carbono abaixo do solo e foi determinado como sendo de 89,32 toneladas por ha^{-1} em cada parcela.

4.1.3 Reservas de carbono acima e abaixo do solo em diferentes gradientes de declive

A maior parte do stock de AGC deste local de estudo estava contida nas classes de declive inferior, 0-10 (30,05%) e 11-20 (22,86%) do stock total de AGC por hectare, respetivamente. A média máxima do stock de AG e BG Carbon foi calculada nas duas primeiras classes de declive que representaram (168.30 ± 27.42) e 33.63 ± 5.45) ton ha^{-1} , na primeira e segunda classes de declive , respetivamente. As restantes três classes de declive continham quantidades quase semelhantes de existências de carbono, com o menor valor de existências (81.13 ± 18.99 AGC e 17.82 ± 4.17 BGC toneladas por ha) na classe de declive mais acentuado >40.

Em geral, a distribuição do stock de carbono acima e abaixo do solo ao longo de diferentes declives apresentou um padrão decrescente com o aumento do declive. Quanto maior o declive da área, menor foi a concentração de AGC. No entanto, a estatística F para esta análise ANOVA não foi estatisticamente significativa (F=0,909, P=0,585 e F=0,858, P=0,643) para AGC e BGC, respetivamente.

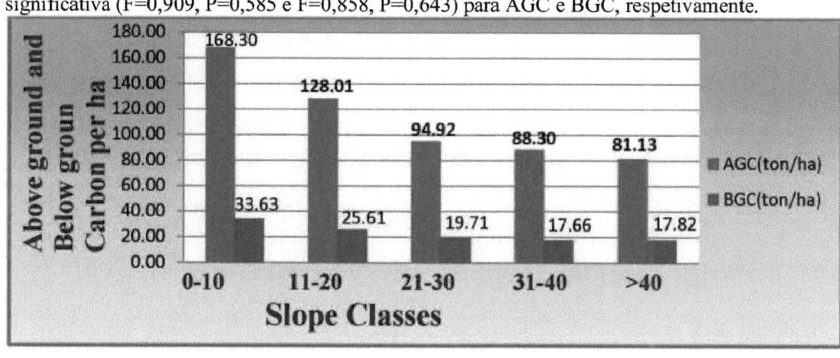

Figura 5: Carbono acima e abaixo do solo ao longo de diferentes declives

Como mostra a figura 6 acima, 30,05% do estoque de carbono acima do solo da área total de estudo estava de longe concentrado na classe mais baixa de declive 0-10. Isto contribuiu para o stock médio de AGC de 168,30 toneladas por ha. A segunda maior quantidade de AGC (22,86%) estava concentrada entre 11-20, enquanto a menor proporção de AGC (14,49%) com estoque médio de C 81,13 foi encontrada nas áreas de declive mais acentuado (declive >40). O stock de carbono abaixo do solo em diferentes classes de declive tem a mesma tendência que a distribuição do carbono acima do solo ao longo de diferentes variações de declive.

4.1.4 Stock de carbono na biomassa das camas

O carbono médio da folhada estimado em todas as parcelas examinadas no laboratório foi de 3,69± 0,42 toneladas por ha em cada parcela. O carbono mínimo e máximo da folhada foi obtido como sendo 0,00 ton/ha (parcelas onde não havia biomassa de folhada) e 12,91 ton/ha, respetivamente. Um total de 177,59 toneladas de carbono foi estimado a partir de todas as 39 parcelas examinadas neste estudo. A percentagem de matéria orgânica, a percentagem de carbono orgânico e outros parâmetros aplicados para calcular a concentração de carbono da folhada são apresentados no Apêndice 3.

4.1.5 Variações do stock de carbono de folhada em diferentes gradientes de declive

O número máximo de parcelas de folhada foi colocado em classes de declive entre 11-20 e, em seguida, o stock total máximo de carbono de folhada foi encontrado nestas gamas de declive (69,66 toneladas de C). Cerca de 43,6% do carbono total da folhada foi calculado a partir das classes de declive mais elevadas (31-40 e >40).

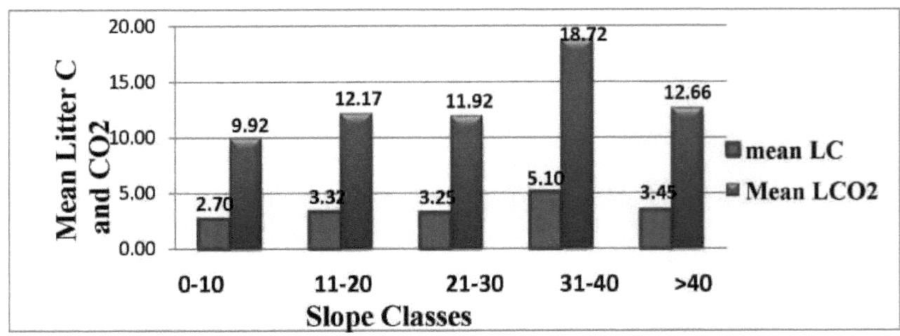

Figura 6: Mostra a distribuição de Litter Carbon e CO_2 em relação às variações de declive

Foi encontrado um stock de carbono de folhada relativamente elevado nas áreas de declive acentuado do que nas classes de declive inferior. No entanto, não houve diferença estatisticamente significativa entre os valores médios (F=0,651, P=0,813). O carbono médio máximo e mínimo da folhada foi medido como sendo 5.10 ± 1.15 toneladas/ha na classe de declive entre $31 - 40$ e 2.56 ± 0.67 toneladas/ha na classe de declive mais baixa 0-10, respetivamente.

4.1.6 Carbono orgânico do solo

De acordo com os resultados obtidos na análise laboratorial, a maior e a menor percentagem de concentrações de carbono orgânico do solo registadas foram 1,8% e 5,92%, respetivamente. A densidade aparente mínima e máxima identificada na análise laboratorial do solo foi de 0,92 e 1,13, respetivamente. O carbono orgânico do solo, calculado a partir da densidade aparente do solo e da percentagem de parâmetros de carbono orgânico, registou valores mínimos de 59,10 toneladas/ha e máximos de 182,49 toneladas/ha. Verificou-se que o local de estudo apresenta um valor médio global de 101,00 3,66 toneladas ha^{-1} com um IC (95%). Foi registado um total de 6703,08 toneladas de SOC em todo o local de estudo. A concentração de CO_2 no solo também teve um padrão semelhante à concentração de carbono orgânico no solo, com um valor médio de . 372.73 ± 13.45^{-1}

4.1.7 Estoque de carbono orgânico do solo em diferentes gradientes de declive

O número máximo de parcelas foi encontrado na classe de declive entre 11-20, o que representou um total de 2173,73 toneladas de SOC, seguido pelo segundo maior SOC, que foi calculado em 1872,92 toneladas. Verificou-se que o teor médio de carbono mais elevado foi calculado nas classes de declive inferior, ou seja, 124.44 ± 7.69 ton ha^{-1} e o mais baixo nos declives superiores, ou seja, 81,49$\pm$ 6,81ton ha^{-1} com 95% CI. O SOC total mais baixo foi medido nas classes de declive entre 31-40.

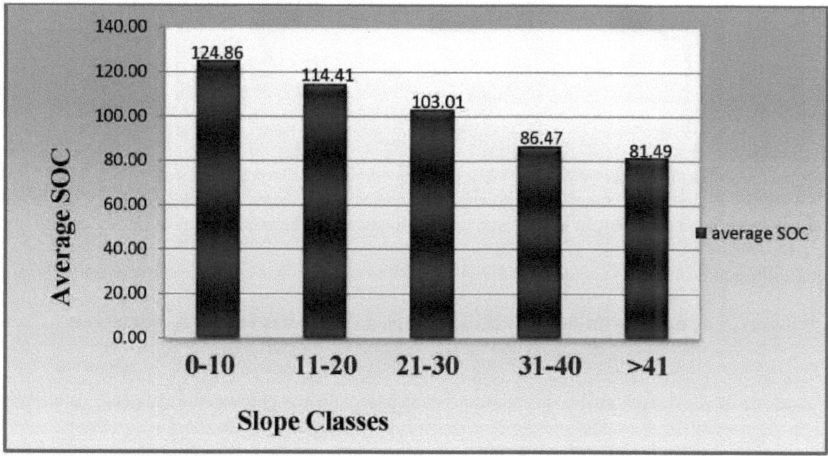

Figura 8: Mostra o gráfico da distribuição média do carbono do solo em diferentes classes de declive Em geral, como se mostra na figura 7 acima, a distribuição global do SOC ao longo de diferentes gradientes de

declive diminui com o aumento do declive. No entanto, não houve significância estatística (F=0,858, P=0,643).

4.1.8 Distribuição do stock de carbono ao longo de diferentes variações altitudinais

i. Reservas de carbono acima e abaixo do solo ao longo de diferentes variações altitudinais

O estoque médio máximo de carbono acima do solo foi calculado em altitudes mais baixas, com 145.91 ± 25.24 toneladas C ha^{-1} de carbono, seguido pelo segundo maior estoque em altitudes mais elevadas 122.52 ± 9.95 toneladas C ha^{-1} . Assim, o AGC médio nas altitudes mais elevadas e mais baixas foi de 122.52 ± 9.95 toneladas C ha^{-1} e 145.91 ± 25.24 toneladas C ha^{-1} , respetivamente. A altitude média contabilizou um total de 927,20 toneladas de C com um stock médio de carbono de 71.32 ± 6.75 toneladas C ha^{-1} por parcela. O valor Sig. da análise ANOVA de uma via (F=3,777, P=0,004) indica que houve uma diferença estatisticamente significativa entre os valores médios de AGC, embora a diferença não tenha sido muito significativa.

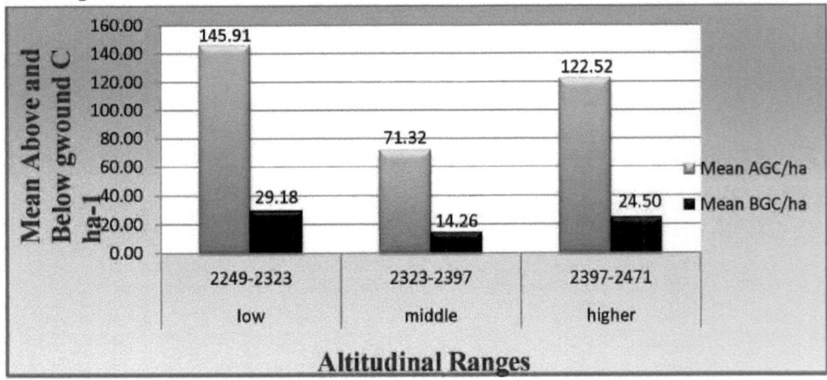

Figura 7: Mostra o diagrama dos stocks médios de AGC e BGC em diferentes variações altitudinais

Foi observado um padrão de distribuição semelhante para a biomassa subterrânea e para o teor de carbono nos três gradientes altitudinais, uma vez que este é derivado da biomassa aérea por um fator convertível (0,2).

4.1.9 Reservas de carbono do solo e do litro ao longo de diferentes variações altitudinais

Tal como o stock de AGC, o stock médio de carbono orgânico do solo aumentou com o aumento da altitude ao longo da floresta estudada, uma vez que foi encontrada uma quantidade relativamente grande de concentração de carbono em altitudes mais elevadas. O número de significância (F=2,767, P=0,036) também indicou que havia uma diferença estatisticamente significativa entre os valores médios de SOC. A densidade do solo máxima e mínima deste estudo foi calculada como sendo 120.03 ± 5.01 toneladas ha^{-1} na classe de altitude mais elevada e 80.57 ± 3.75 toneladas ha^{-1} na classe de altitude mais baixa. Por outro lado, a altitude média foi responsável por 90,02 toneladas ha^{-1} estoque médio de C. A média global do stock de carbono no solo de toda a floresta foi de 101.56 ± 3.66 t C ha^{-1} . Da mesma forma, a quantidade máxima de estoque total de carbono da serapilheira na floresta em relação aos gradientes altitudinais foi acumulada em faixas de altitudes mais elevadas, no entanto, a concentração média de estoque de CL foi encontrada nas faixas de altitudes médias.

Os stocks totais e médios de SOC e de carbono de folhada por ha nas três gamas altitudinais são apresentados no quadro (3).

Quadro 3: O stock total e médio de carbono do solo e da folhada em diferentes altitudes

Elevação	Total SOC	Total S_{CO2}	Média SOC	Média S_{CO2}
Inferior	1692.02	6209.70	80.57 ± 3.75	295.70±13.76
Médio	1170.25	4294.81	90.02± 5.60	330.37 ±20.55
Mais alto	3810.82	14095.79	120.03± 5.01	440.49±18.40
Elevação	**Total LC**	**L_{CO2} total**	**Média LC**	**L_{CO2} médio**
Inferior	76.58	282.80	3.65 ± 0.63	13.38 ± 2.3 3
Médio	56.93	208.95	4.38 ±0.82	16.03 ± 2.99
Mais alto	110.24	442.80	3.44 ± 0.0 0	12.64 ±2.58

Apesar das variações das unidades populacionais em diferentes faixas altitudinais, não houve diferença estatisticamente significativa entre os valores médios (F=0,739, P=0,788). Em geral, o aumento ou a diminuição dos gradientes altitudinais no local de estudo não tem uma relação uniforme com o padrão de distribuição do estoque de CL, ao contrário da distribuição do estoque de SOC. O estoque médio máximo e mínimo de carbono de serapilheira foi calculado como sendo 4.38 ± 0.82 ons C ha^{-1} e 3.44 ± 0.70 tons ha^{-1} em altitudes de classe média e alta, respetivamente. A média global estimada do carbono da folhada no local de estudo foi de 3.69 ± 0.42 ha^{-1}

4.1.10 Estoque total de carbono na floresta

Os dois reservatórios de carbono (biomassa vegetal e solo) contribuíram para as existências totais de carbono da floresta. A reserva total de carbono da floresta foi calculada através da soma das reservas de carbono dos quatro componentes (reservatórios), incluindo o carbono da biomassa acima do solo, o carbono da biomassa abaixo do solo, o carbono da biomassa da folhada e as reservas de carbono do solo de todas as parcelas de amostragem. O stock médio total de carbono por parcela varia entre 126,82 e 669,61t C ha .$^{-1}$

Tabela 4: A soma total do estoque de carbono e o estoque médio de carbono de todas as parcelas em todos os reservatórios de carbono (AG & BG, Litter e carbono do solo) de todo o local de estudo.

Piscinas de carbono	AGC	AG $_{CO2}$	BGC	BG $_{CO2}$	SOC	SCO2	LC	L_{CO2}
Total de C armazenado (ton)	7911.8 7	29036.5 8	1606.2 8	5895.0 6	6703.77	24600.3 0	243.75	894.58
Estoque médio de C (ton/ha)	119.88 ± 10.00	220.31 ± 17.66	24.34 ± 1.99	44.06 + 3.53	101.56 + 3.66	372.73 + 13.45	3.69 ±0.42t	13.55 ± 1.55

Por conseguinte, a densidade média total de carbono dos quatro reservatórios de carbono foi de 249,48 ha^{-1} em cada parcela de amostragem. A média geral do stock total de carbono de todo o local de estudo foi calculada como sendo:

$$\text{Densidade } C = C_{AGB} + C_{BGB} + C_{Lit} + SOC \text{..} \textit{(equ.12)}$$

=119.88+24.34+101.57 +3.69=249.48t Cha^{-1}

= 249,48+1 1,97 t c **ha^{-1}**

5. DISCUSSÃO

Esta parte discute o resultado da investigação descrita no capítulo anterior, centrada principalmente nos valores do stock de carbono estimados a partir do AGB, BGB, SOC e LC, utilizando as equações alométricas e a análise laboratorial.

A floresta é caracterizada por possuir diferentes tipos de variáveis topográficas (ambientais), tais como declive, altitude e gradientes de aspeto. Possui também diferentes tamanhos de árvores com densidade de espécies consideravelmente distintas. Estas espécies também diferem muito no seu potencial de sequestro de carbono devido a grandes variações nos seus tamanhos de DAP. Das 33 espécies distintas examinadas neste estudo, *Croton macrostachyus* registou a maior densidade global de troncos com um número de 254 árvores por hectare, enquanto a densidade mais baixa foi ocupada por algumas espécies com 100 árvores por hectare.

5.1.1 Stock de carbono acima e abaixo do solo da floresta

O potencial de armazenamento médio de carbono a longo prazo foi calculado separadamente para cada um dos diferentes povoamentos e espécies de árvores. A reserva total de carbono na biomassa arbórea acima do solo da floresta foi determinada pela multiplicação da biomassa vegetal total pelo fator convertível, que é representativo do teor médio de carbono na biomassa vegetal. Este fator convertível (0,5%) mostra que se espera que cerca de 50% da biomassa seca total das plantas seja igual a C MacDicken (1997). O stock global de carbono em cada parcela de amostra foi calculado através da soma do stock de carbono das árvores individuais em cada parcela específica. Entre os 33 tipos diferentes de espécies examinadas neste estudo, o teor médio máximo de carbono por árvore individual foi calculado em *E. camaldulensis,* enquanto *E. globulus* e *Acacia abyssinca* contribuíram com o segundo e terceiro maiores teores médios de carbono, respetivamente. *A E. citriodora* foi a espécie que registou a maior reserva global de carbono acima do solo, em toneladas por hectare, de todas as espécies. Isto deve-se ao facto de estas espécies também constituírem a maior classe de DBH, o que está diretamente relacionado com a sua grande densidade de biomassa para sequestrar uma quantidade significativa de carbono.

Huston e Maryland (2003) indicaram que o sequestro de carbono depende não só das taxas de produtividade mas também do tamanho da árvore, o que significa que o sequestro florestal em diferentes tipos de floresta parece estar relacionado com as classes de tamanho do DAP. Assim, o padrão de distribuição de DAP das plantas varia significativamente de espécie para espécie. Isto não significa que as espécies arbóreas com DAP pequeno não sejam importantes, porque os principais grupos de árvores de pequeno porte crescerão para tamanhos maiores num futuro próximo e terão maior potencial de sequestro futuro se as florestas forem geridas de forma adequada sem perturbações humanas.

O resultado estimado por este estudo é inferior mas mais próximo da média mundial de stock de carbono florestal 162t ha^{-1} FAO (2010). Está também muito mais próximo e é comparável à densidade do stock de carbono das florestas de altitude na Etiópia, 101 toneladas ha^{-1} estimada por Brown (1997). Brown e Lugo (1982) estimaram que o potencial total de sequestro de carbono das florestas tropicais de três países, incluindo a Malásia, o Cameron e o Sri Lanka, variava entre 76,50 toneladas/ha em florestas tropicais perturbadas e 223 toneladas/ha em florestas tropicais maduras relativamente pouco perturbadas. O valor estimado deste resultado foi superior ao intervalo inferior, mas muito inferior ao intervalo superior dos resultados da investigação acima referida. Este facto pode dever-se à presença de uma floresta sujeita a perturbações humanas extremas e a extensas actividades de exploração madeireira ilegal por parte das comunidades locais.

De acordo com o estudo realizado por Virigabuncha et al., (2002), o sistema de evolução do stock de carbono nos ecossistemas florestais da Tailândia, o resultado mostrou que o sequestro de carbono nestes ecossistemas para a floresta perene e a floresta mista caducifólia se situava na gama de 3 toneladas de C/ha. Com base no estudo de Getu Shiferaw (2012) sobre a floresta de Chilimo, nas Terras Altas Centrais da Etiópia, o stock médio de carbono na biomassa lenhosa acima do solo da floresta natural de Chilimo foi de 90.25 ± 2.67; ha^{-1} variando entre (87,59-92,92) t C ha^{-1} . Isto está relacionado com a média do stock de carbono acima do solo do resultado atual obtido na floresta de Sekelemariam, com um valor estimado de 119.88 ± 10.00 ha-1.

A reserva de carbono acima do solo para as florestas tropicais secas e para o país subsariano era de 47 t ha-1 e 36 t ha^{-1} , respetivamente Brown (1997), ao passo que, com base na avaliação do IPCC (2002), foram comunicadas 126 t ha^{-1} para as florestas tropicais secas e 72 t ha^{-1} para o país aberto da África subsariana. Por conseguinte, os resultados actuais são muito mais comparáveis com a avaliação do IPCC (2002) sobre as reservas de carbono para as florestas tropicais secas. Além disso, Houghton (1999) e Defries et al. (2002) registaram 55 t ha^{-1} para a floresta tropical seca e 30 C ha^{-1} para a floresta aberta no país subsariano. Com base nas estimativas de carbono acima referidas efectuadas por diferentes investigadores, a biomassa do stock de carbono acima do solo para a zona de floresta tropical seca que recebe uma precipitação anual entre 900-1500 mm variou entre 30-126 t ha^{-1} stock de carbono. Em comparação com estes estudos, o atual resultado do stock de carbono acima do solo estimado da floresta estatal de Sekelemariam (119,88 C ha-1) foi considerado mais relevante e contribuiu para a mitigação das alterações climáticas globais através do sequestro de uma quantidade significativa de carbono atmosférico na sua biomassa vegetal e matéria orgânica do solo.

5.1.2 Os padrões de armazenamento e distribuição do carbono da vegetação e do solo ao longo dos gradientes ambientais

i. Stocks de carbono ao longo de gradientes de declive

Os factores ambientais mais importantes que afectam a distribuição e os padrões da vegetação na Etiópia são a altitude, o clima (precipitação e temperatura), o tipo de solo e a interação entre estes factores (Alemayehu Mengistu, 2003).

A topografia é também um dos gradientes ambientais mais importantes que afectam a biomassa, o tamanho do tronco, a densidade do povoamento e a heterogeneidade dos troncos Clark et al., (200). O stock de carbono foi calculado como armazenamento médio para todas as parcelas de amostra ao longo dos diferentes gradientes de declive com um IC de 95% da média em todos os reservatórios de carbono avaliados na área de estudo. Assim, a maior parte do stock de AGC deste local de estudo estava contida nas classes de declive mais baixas. Assim, a maioria do stock de AGC deste local de estudo estava contida em classes de declive mais baixas. Estes declives foram dominados por espécies arbóreas de maior DAP que têm uma densidade de tronco relativamente máxima no local de estudo. Em geral, a distribuição do estoque de carbono acima e abaixo do solo ao longo de diferentes declives mostrou um padrão decrescente com o aumento do declive. Quanto maior o declive da área, menor a concentração de AGC calculada no local de estudo. Isto pode dever-se ao facto de as áreas de declive suave estarem principalmente cobertas por árvores de plantação com grandes dimensões de DAP e altura.

A estimativa do carbono da folhada deste estudo foi efectuada através da recolha da biomassa da folhada caída em 39 parcelas do total de 66 parcelas examinadas durante o estudo. Verificou-se que as restantes 27 parcelas não tinham folhada caída devido à natureza de algumas espécies de árvores sem folhas largas ou agulhas, como as espécies *Cupressus lusitanica e Acacia abyssinica.* O stock de carbono da folhada varia entre os diferentes declives da área de estudo.

Yadav e Gupta (2006) afirmaram que o microambiente de diferentes aspectos das encostas das colinas é influenciado pela intensidade e duração da luz solar disponível. A quantidade total de carbono da folhada em todas as classes de declive foi mais ou menos semelhante, sem alterações significativas entre elas, exceto na classe de declive mais acentuado (declive>40), com um total de 31,04 t C. Em geral, a quantidade de carbono da folhada ao longo dos diferentes gradientes de declive não teve um padrão de distribuição uniforme. No entanto, cerca de 43,6% do carbono total da folhada foi calculado a partir das classes de declive mais elevadas (31-40 e >40). Isto pode dever-se ao facto de a maior parte das áreas de declive acentuado da floresta estar coberta por plantas naturais com folhas grandes e com grande biomassa foliar, em comparação com plantações naturais como as espécies de *eucalipto*, cujas folhas caídas são diariamente recolhidas e levadas pelas comunidades circundantes para fins de combustível fóssil, e outras espécies de árvores como a *Cupressus lusitanica* têm folhas muito agudas que não são acessíveis para a recolha de amostras de folhada, pois as suas folhas estão misturadas com o solo superior. Em geral, a concentração de carbono na folhada foi relativamente maior nas áreas de declive acentuado, apesar do padrão de distribuição desigual da reserva média de C em relação aos vários gradientes de declive.

O carbono total sequestrado pelos solos desta floresta foi determinado através da estimativa da concentração de carbono e da densidade aparente do solo a 30 cm de profundidade em cada parcela. De acordo com um estudo realizado em florestas montanhosas do centro e do sul do México, o teor de carbono estimado no solo a 30 cm de profundidade variou entre (86,2 -128,3t C ha-1), o que é muito comparável ao resultado atual obtido na floresta montanhosa seca perene de Sekelemariam (101.56 ± 3.66 ha-1), e foi encontrado dentro deste intervalo.

ii. Stocks de carbono ao longo das variações altitudinais

De acordo com Clark et al., (2000), a distribuição do estoque de carbono apresenta variação entre diferentes gradientes ambientais. Assim, neste estudo, a biomassa vegetal e o estoque de carbono em diferentes reservatórios de carbono mostraram variações em diferentes gradientes altitudinais. O stock total máximo de carbono acima do solo foi calculado em altitudes mais elevadas, com um total de 3920,51 toneladas de carbono, seguido do segundo maior stock em altitudes mais baixas (3064,17 toneladas de carbono). Isto pode dever-se à grande concentração de biomassa de árvores de plantação nas altitudes mais baixas e mais elevadas, devido à natureza da área, que é suavemente inclinada, enquanto as altitudes médias são mais ou menos acentuadamente inclinadas, o que explica poucos povoamentos de árvores com pequenos tamanhos de DAP. Esta zona é também uma parte da floresta altamente perturbada, onde se regista um ritmo rápido de abate de árvores para lenha. Em geral, este estudo registou o armazenamento total máximo de carbono em altitudes mais elevadas. No entanto, este facto não mostrou um padrão uniforme em relação à variação altitudinal e não teve uma tendência semelhante a outros resultados estimados na floresta de Edgu por Adugna Feyisa (2012). De acordo com Shank e Noorie (1950), a elevação e o aspeto da encosta desempenham um papel fundamental na determinação do regime de temperatura de qualquer local. Neste estudo, a concentração de SOC aumentou com o aumento da altitude, enquanto a mesma tendência foi registada no caso da floresta de Edgu por Adugna Feyissa (2004). No entanto, neste estudo, verificou-se um menor stock de carbono em comparação com o teor médio de carbono orgânico do solo das florestas de Edgu e Chilimo.

A tendência para o aumento do SOC com o aumento da altitude pode dever-se ao facto de a respiração do solo diminuir com o aumento da altitude, o que leva à redução da perda de carbono (Chambers, 1998). Estudos sobre as reservas de carbono do solo e da folhada nas terras altas centrais de Michachoacon, no México, registaram um SOC médio de 72.8 ± 12.8 ha^{-1} (na gama de 30,2-144,6 t C) em florestas degradadas e de 116.4 ± 30.5 ha^{-1} (na gama de 54,6-192,8 t C) em florestas de carvalhos.

Outro estudo realizado em 2010 nas Terras Altas do Parque Nacional de Manu, no Peru, registou uma densidade média de carbono no solo de 96 ± 11 ha^{-1} , que é comparável a 119.88 ± 10.00 ha^{-1} no presente estudo. Um resultado obtido por Getachew Shiferaw (2002) nas florestas de Mesalemia e Chilimo (92.204 ± 5.93 t C ha-1 e 109.40 ± 63.72 t C ha-1), respetivamente, foi o mais próximo do resultado obtido no presente estudo na floresta estatal de Sekelemariam.

6. CONCLUSÃO E RECOMENDAÇÕES

6.1 Conclusão

A investigação foi conduzida para estimar e quantificar o stock de carbono da floresta nos quatro reservatórios de carbono (acima e **abaixo do solo**, folhada e reservatórios de solo) utilizando equações alométricas construídas a partir da medição direta da biomassa das árvores e dos parâmetros do povoamento florestal utilizados para estimar o AGB. Nas 66 parcelas estabelecidas ($200m^2$), foram identificados na floresta um total de 33 tipos diferentes de espécies de árvores e 1529 caules com DAP maior ou igual a 5cm (Nota: isto não representa a composição florística completa da floresta). Além disso, sendo uma terra com elevada densidade de carbono, pode prestar um serviço global como armazenamento de carbono, ajudando a atenuar as alterações climáticas. Como mostra o estudo, esta floresta dá um contributo significativo para o sequestro de carbono e pode gerar créditos de carbono na Etiópia. Espera-se também que esta floresta obtenha receitas com a venda de créditos de carbono no mercado do carbono através de projectos MDL. Desde que as florestas abrangidas pelo MDL proporcionem benefícios aos sectores florestais nacionais, bem como aos proprietários privados e aos participantes nas actividades florestais comunitárias.

O AGB e o BGB, com as correspondentes reservas de carbono e o teor de carbono orgânico do solo desta floresta, foram avaliados em função de diferentes variáveis ambientais, como os gradientes de declive e altitude. Em suma, este estudo fornece uma estimativa do stock de carbono na Floresta Estatal de Sekelemariam. Os resultados mostram que existe uma quantidade significativa de biomassa vegetal e de armazenamento de carbono nas florestas plantadas do que nos ecossistemas florestais naturais. Tal deve-se às variações de densidade e de tamanho do DAP entre as árvores dos dois ecossistemas, bem como à elevada taxa de desflorestação dos ecossistemas naturais para satisfazer a procura de lenha, tanto a nível doméstico como do mercado.

6.2 Recomendações

Com base nas conclusões, são sugeridas as seguintes recomendações como soluções construtivas para os problemas relacionados com os regimes de gestão e conservação das florestas:

- Devem ser efectuadas diferentes investigações para determinar a quantidade, a distribuição e a repartição do carbono e quaisquer alterações que ocorram ao longo do tempo nas diferentes condições da floresta, como a perturbação, a degradação e o estado e a alteração da distribuição das diferentes espécies da flora e da fauna na floresta.
- Recomenda-se vivamente um compromisso político integrado e a longo prazo por parte dos sectores governamentais locais e regionais para evitar o ritmo acelerado das actividades de abate de árvores e

de desflorestação por parte da comunidade local, a fim de proteger a floresta natural remanescente da destruição total, uma vez que o aumento da gestão está positivamente correlacionado com o aumento da fixação de C.

- A comunidade local deve ser sensibilizada para a proteção das florestas naturais.
- Deveria ser essencial incluir a biomedição de outras piscinas que não foram incluídas neste estudo.
- O elevado stock de carbono do local de estudo foi identificado em áreas onde as plantações estavam densamente distribuídas. Por conseguinte, a eficácia da plantação de árvores no sequestro de carbono e também é imperativo determinar a taxa de sequestro de carbono diferente e os reservatórios e fluxos de carbono para além de estimar a quantidade.
- São necessários esforços de gestão florestal, conservação e aumento do potencial de armazenamento de carbono da floresta por parte da comunidade local e do governo federal.
- É necessário continuar a trabalhar para elucidar o padrão e os controlos da composição de espécies no ciclo do carbono florestal e na dinâmica de sucessão e competição que influenciam a composição de espécies das plantações restauradas.

REFERÊNCIAS

Adugna Feyissa. 2012. Stocks de carbono florestal e variações ao longo de gradientes ambientais na floresta de Egdu: Implicações da gestão das florestas para a mitigação das alterações climáticas.

Allen S. E., Grimshaw H. M. e Rowland, A. P. 1986. Análise química. In: "Methods in plant ecology" (Moore, P. D., Chapman, S. B. eds). Blackwell Scientific Publications, London, UK, Pp. 285-344.and the carbon cycle, in *Climate Change 1995: The Science of Climate Change: Contribution of WGI to the Second Assessment Report of the IPCC*, editado por J.T. Houghton et al., pp. 65-86, Cambridge University Press, Nova Iorque, 1996.

Anderson, S. e Newell, R. 2003. *Prospects for carbon capture and storage technologies, Discussion Paper* 02-68, Resources for the Future, Washington, D.C. Arlington, USA, Pp. 19-35.

Baker, T. R., Philips, O. L., Malhi, Y, Almeida, S., Arroyo, L. e Di Fiore, A. 2004. A variação na densidade da madeira determina padrões espaciais na biomassa florestal da Amazónia. *Global Change Biology* 10: 545-562.

Barnes, B.V., D.R. Zak, S.R. Denton, e S.H. Spurr. 1998. *Forest ecology*. John Wiley & Sons, Inc., Nova Iorque, Nova Iorque.

Bhishma, P. S., Shiva, S. P., Ajay, P., Eak, B. R., Sanjeeb, B., Tibendra, R. B., Shambhu, C., e Rijan, T. 2010. Medição do stock de carbono florestal: *Guidelines for measuring carbon stocks in community-managed forests.* Financiado pela Norwegian

Agência de Cooperação para o Desenvolvimento (NORAD). Rede Asiática para a Agricultura Sustentável.

Birdseye, Richard A. 1992. Carbon Storage and Accumulation in United States Forest Ecosystems (Armazenamento e Acumulação de Carbono nos Ecossistemas Florestais dos Estados Unidos). Serviço Florestal do Departamento de Agricultura dos Estados Unidos. *Relatório Técnico Geral* W0-59.

Brown S. 1997. Estimating Biomass and Biomass Change of Tropical Forests: A Primer. *FAO Forestry Paper* 134. FAO, Roma.

Brown, S. 2001. 'Measuring and Monitoring Carbon Benefits for Forest-based Projects: Experience from Pilot Projects', Can Carbon Sinks Be Operational? *Resources for the Future (RFF) Workshop proceedings* pp. 1-19, Washington D.C.

Brown, S. e A.E. Lugo. 1982. The storage and production of organic matter in tropical forests and their role in the global carbon cycle. *Biotropica* 14: 161-187.

Brown, S; e Gaston G. 1995. Utilização de inventários florestais e sistemas de informação geográfica para estimar a densidade de biomassa das florestas tropicais: Aplicação à África tropical. *Avaliação da Monitorização Ambiental* 38, 157-168.

Brown, S; Sathaye J; Cannell M; e Kauppi P. 1996. Management of Forests for Mitigation of Greenhouse Gas Emissions (Gestão das Florestas para a Mitigação das Emissões de Gases com Efeito de Estufa). Em R. T.Watson, M.C. Zinyowera, e R.H. Moss (eds.), *Climate Change 1995: Impacts, Adaptations and Mitigation of Climate Change: Scientific-Technical Analyses*. Contribuição do Grupo de Trabalho II para o Segundo Relatório de Avaliação do IPCC, Cambridge University Press, Cambridge e Nova Iorque, Capítulo 24.

Cairns, M. A., Brown, S., Helmer, E. H. e Baumgartner, G. A. 1997. Root biomass allocation in the world's upland forests. *Oecologia*, 111: 1-11.

Chambers L.S. 1998. Caracterização do efluxo de dióxido de carbono do solo florestal de três forest ecosystems in East Tennessee, tese de mestrado, Universidade do Tennessee, Knoxville, EUA.

Chisholm, S.W., Fallowski, P.G., Cullen, J.J. 2001. Desacreditando a fertilização oceânica. *Science*, 294 (5541): 309-310.

Clark, D.B., & Clark, D.A. 2004. Landscape-scale variation in forest structure and biomass in a tropical rain forest. *Forest Ecology and Management*, 137 (1-3):185- 198.

DeFries, R. S., Houghton, R. A., Hansen, M. C., Field, C. B., Skole, D. e Townshend, J. 2002. Carbon emissions from tropical deforestation and regrowth based on satellite observations for the 1980's and 1990's, *Proceedings of the National Academy of Sciences*, 99: 14256-14261.

Dixon, R. K., R. A. Brown, R. A. Houghton, A. M. Solomon, M. C. Trexler e J. Wisniewski. 1994. Carbon pools and flux of global forest ecosystems. *Science* 263: 185-190.

Dixon, R.K., Brown, S., Houghton, R.A., Solomon, A.M., Trexler, M.C., Wisniewski, J.1994. Carbon pools and flux of global forest ecosystems. *Science 263,* 185-189.

Dixon, R.K., Wisniewski, J., 1995. Global forest systems: an uncertain response to atmospheric pollutants and global climate change. *Water Air Soil Pollut.* 85, 10110.

EFAP.1994. Programa de Ação Florestal da Etiópia: The challenge for development. Relatório final, Volume

II, Ministério do Desenvolvimento dos Recursos Naturais e da Projeção Ambiental, Adis Abeba.

ENEC/CESEN. 1986. *Relatório principal (mais 13 relatórios técnicos e 26 relatórios suplementares).*

Comissão Europeia. 2009. O papel da natureza nas alterações climáticas, Natureza e biodiversidade, *agosto* de 2009.

Falkowski, P., R.J. Scholes, E. Boyle, J. Candell, D. Canfield, J. Elser, N. Gruber, K. Hibbard, P. Hogberg, S. Linder, F.T. Mackenzie, B. Moore III, T. Pedersen, Y. Rosenthal, S. Seitzinger, V. Smetacek, W. Steffen. 2000. The global carbon cycle: Um teste ao nosso conhecimento da Terra como um sistema. *Science* 290: 291-296.

FAO. 2001a.The State of the World's Forests 2001, FAO Roma.

FAO. 2004. Assessing carbon stocks and modeling win-win scenarios of carbon sequestration through land-use changes. FAO, Roma.

FAO. 2006b. *Avaliação global dos recursos florestais 2005* - Progressos no sentido de uma gestão sustentável das florestas. Documento florestal da FAO n.º 147. Roma, Itália. (Também disponível em www.fao.org/forestry/fra2005/en/).

Geider, J. R., Delucia, H. E., Falkowsk, G. P., Finzi, C. A., Grime, P. J., Grace, J., Kana, M. T. e Roche. 2001. Primary productivity of planet earth: biological determinants and physical constraints in terrestrial and aquatic habitats. *Global Change biology* 7: 849- 882.

Grace, J. 2004. Understanding and managing the global carbon cycle (Compreender e gerir o ciclo global do carbono). *Journal of Ecology*, 92(2): 189-202.

Gravender, J., D. Wickizer, J. Wilson, D. Brand, J. Nickerson, C. Kelly, M. Passero, e J. Kadyszewski. 2004. Protocolo de Projeto Florestal. Registo de Ação Climática da Califórnia, Los Angeles, Califórnia.

Grubb, M., C. 1999. *O Protocolo de Quioto*: um guia e uma avaliação. Londres, Instituto Real de Assuntos Internacionais.

Guo, L.B., Gifford, R.M. 2002. Soil carbon stocks and land use change: a Meta analysis. *Global Change Biology* 8: 345-360.

Hamburgo, S. P. 2000. Simple rules for measuring changes in ecosystem carbon in forestry-offset projects. *Mitigation and Adaptation Strategies for Global Change*, 5: 25-37.

Herzog, H. J. 2001. What Future for Carbon Capture and Sequestration? *Revista da American Chemical Society*. U.S. Government Printing Offices, Washington, DC. Edição especial **7 35**:148 A - 153 A.

Houghton, J. T., e Y. Ding. 2001. Cliamte Change 2001: the scientific basis. IPCC. ONU. 1992. *Convenção-Quadro das Nações Unidas sobre as Alterações Climáticas*: 24.

Houghton, R.A, 1990. O efeito global da desflorestação tropical. *Environment Science and* Technology 24:414-422.

Houghton, R.A. 1996(b). Land-use change and terrestrial carbon: the temporal record. In: Apps, M.J., e D.T. Price (eds). 1996. *Forest ecosystems, Forest management and the global carbon cycle*. Springer-Verlag Berlin Heidelberg, Nova Iorque, NY.

Houghton, R.A. e Skole, D.L. 1990. Carbon in The Earth as transformed by human action. (Eds Turner, B.L., Clark, W.C., Kates, R.W., Richards, J.F.,).

Hustad, C.W. e Austell, J.M. 2003. Mechanisms and incentives to promote the use and storage of CO_2 in the North Sea, Memo, CO_2 Norway, Kongsberg.

Huston, M.A. e G. Marland. 2003. Carbon management and biodiversity. *Journal of Environmental Management* [Online]. Disponível em: http://www.elsevier.com/ [2002, dezembro, 22].

IPCC. 2001c. Painel Intergovernamental sobre as Alterações Climáticas: *Terceira Avaliação. "Climate Change* 2001: Synthesis Report. Summary for Policymakers". IPCC. setembro.

IPCC. 2000. Emissions Scenarios, *Special Report of the Intergovernmental Panel on Climate* Change, Nebojsa Nakicenovic e Rob Swart (Eds.), Cambridge University Press, UK.

IPCC. 2001. *Climate Change 2001: Working Group I: The Scientific Basis*. Cambridge University Press, Nova Iorque.

IPCC. 2001a. Climate Change 2001: Synthesis Report. A Contribution of Working Groups I, II, and III to the Third *Assessment Report of the Intergovernmental Panel on Climate Change.* Watson, R.T. e a Equipa Central de Redação (eds.). Cambridge, Reino Unido e Nova Iorque, NY: Cambridge University Press. <http://www.grida.no/climate/ipcc tar/vol4/index.htm> <2 de outubro de 2004>

IPCC. 2001b. Painel Intergovernamental sobre as Alterações Climáticas: Climate Change 2001: *The Scientific asis. Contribuição do Grupo de Trabalho I para o Terceiro Relatório de Avaliação do Painel Intergovernamental sobre as Alterações Climáticas.* J. T. Houghton, Y. Ding, D. J. Griggs, M. Noguer, P. J. van der Linden, X. Dai, K. Maskell e C. A. Johnson Eds. Cambridge University Press, Cambridge, Reino Unido e Nova Iorque, NY, EUA, Cambridge, Reino Unido.

IPCC. 2003. Painel Intergovernamental sobre as Alterações Climáticas: Good Practice Guidance for Land Use,

Land-Use Change and Forestry [Guia de Boas Práticas para a Utilização dos Solos, Alteração da Utilização dos Solos e Florestas]. J. Penman, M. Gytarsky, T. Hiraishi, T. Krug, D. Kruger, R. Pipatti, L. Buendia, K. Miwa, T. Ngara, K. Tanabe e F. Wagner Eds. Instituto para Estratégias Ambientais Globais, Kanagawa, Japão.

IPCC. 2006. *Diretrizes do IPCC para os Inventários Nacionais de Gases com Efeito de Estufa Volume 4.* Preparado pelo Programa Nacional de Inventários de Gases com Efeito de Estufa, (Eggleston H.S., Buendia L., Miwa K., Ngara T. e Tanabe, K. eds), Institute for Global Environmental Strategies (IGES) Publishing, Hayama, Japão.

IPCC. 2007. Highlights from Climate Change 2007. The Physical Science Basis. Resumo para os decisores políticos. *Contribuição do Grupo de Trabalho* I para o *Quarto Relatório de Avaliação do Painel Intergovernamental sobre as Alterações Climáticas.* Cambridge University Press, Instituto de Ecologia Terrestre, Edimburgo, pp. 545552.

Kent, M. e Coker, P. 1992. *Vegetation Description and Analysis.* A practical approach olhaven Printing Press, London, Pp. 363

Kyoto. 1997. Protocolo de Quioto à Convenção-Quadro das Nações Unidas sobre as Alterações Climáticas. Nações Unidas, Nova Iorque, EUA.

Lal, R. e Bruce, J. 1999. The Potential of World Cropland to Sequester Carbon and Mitigate the Greenhouse Effect" (O Potencial da Terra Cultivada Mundial para Sequestrar Carbono e Mitigar o Efeito Estufa). *Environmental Science and Policy* 2:177-185.

Lal, R., J.M. Kimble, R.F. Follett, e C.V. Cole. 1998. The Potential of U.S. Cropland to Sequester Carbon and Mitigate the Greenhouse Effect [O Potencial das Terras Cultivadas dos EUA para Sequestrar Carbono e Mitigar o Efeito Estufa]. Ann Arbor Press, Chelsea, MI. 128 pp.

LUPRD-MOA. 1985. Assistance to land use planning project. Fase I, Adis Abeba

MacDicken, K. G. 1997. A Guide to Monitoring Carbon Storage in Forestry and Agroforestry Projects (Guia para a Monitorização do Armazenamento de Carbono em Projectos Florestais e Agroflorestais). *Programa de Monitorização do Carbono Florestal, Instituto para o Desenvolvimento Agrícola. Winrock International, Arlington,* VA.

Mahli, Y., Meir, P., Brown, S. 2002. Forests, carbon and global climate (Florestas, carbono e clima global). *Philosophical Transactions of the Royal Society of London,* A 360:1567-1591.

Malhi, Y e J. Grace. 2000. Tropical forests and atmospheric carbon dioxide (Florestas tropicais e dióxido de carbono atmosférico). Árvore 15: 332-337

Melaku Bekele. 1992. Forest history of Ethiopia from early times to 1974. Escola de Ciências Agrícolas e Florestais, University College of North Wales, Reino Unido.

Mesfin Sahle. 2011. Estimativa e mapeamento de estoques de carbono com base em sensoriamento remoto, GIS e levantamento de solo na Floresta Estadual Menagesha Suba, Etiópia.

Mora-Costa, P.H. 1996. *Práticas de silvicultura tropical para o sequestro de C*. In: Schulte, A., e D.

Mulugeta Lemenih. 2008. Contribuições económicas actuais e prospectivas do sector florestal na Etiópia, pp. 59-82. Em: Tibebwa Hechett & Negusu Aklilu, (eds). Procedimentos de um seminário sobre a silvicultura etíope na encruzilhada: sobre a necessidade de instituições fortes. Addis Abeba, Etiópia.

Nicholls, N, Gruza, GV, Jouzel, J, Karl, TR, Ogallo, LA, Parker, DE. 1996. Observed climate variability and change. In: Houghton JT, Meira Filho LG, Callander BA, Harris N, Kattenberg A, Maskell K, editores. Climate Change. 1995. *The Science of Climate Change*. Cambridge University Press, Cambridge, Nova Iorque, Melbourne, pp. 133-192.

Pearson, T., Walker, S. e Brown S. 2005. *Sourcebook for Land Use, Land-Use Change and Forestry Projects,* Winrock International e o Bio-carbon fund do Banco Mundial.

Raven P.H., R.F. Evert, e S.E. Eichhorn. 1999. *Biology of plants*. Sexta edição. W.H. Freeman and Company, Nova Iorque, Nova Iorque.

Richards K. R; e Stokes C. 1995. Regional Studies of Carbon Sequestration: A Review and Critique,' Mimeo, Pacific Northwest Laboratory, Washington, DC.

Richards, G. P. e D. M. W. Evans. 2004. Desenvolvimento de um modelo de contabilização do carbono (Full CAM Vers. 1.0) para o continente australiano. *Australian Forestry*, 67(4): 277-283.

Richards, K.R., Stokes C. 2004. A review of forest sequestration cost studies: A dozen years of research. *Climatic Change,* 63: 1-48.

Schimel, D., D. Alves, I. Enting, M. Heimann, F. Joos, D. Raynaud e T. Wigley.1996. CO2

Schlesinger, W. H. 1997. Biogeochemistry: *An Analysis of Global Change* (Segunda Edição). Academic Press, San Diego, Califórnia.

Sedjo, R. A. e A. M. Solomon. 1989. Climate and forests. pp. 105-119 IN Rosenberg, N. J., W. E. Easterling, P. R. Crosson, and J. Darmstadter, Eds., Greenhouse Warming: Abatement and Adaptation.

Resources for the Future, Washington, D.C.

Shank RE e Noorie EN. 1950. Vegetação microclimática num pequeno vale no leste do Tennessee. *Ecology* 11: 531-539.

Sharma, N.P., R. Rowe, K. Openshaw e M. Jacobson. 1992. World forests in perspective. In: Sharma, N.P. (ed.) 1992. Managing the world's forests: looking for balance between conservation and development. Kedall/Hunt Publishing Company, Bubuque, Iowa.

Singh, J. S. e Singh, S. P. 1987. Vegetação florestal dos Himalaias. *Bot.* Rev., 53: 81-192.

Sisay Nune. 2010. Utilização da terra, alteração da utilização da terra e silvicultura (LULUCF): Florestação e Reflorestação. In: Mecanismos de Desenvolvimento Limpo: Investors' Guide, DNA Office of the Environmental Protection Authority, EPA (Projeto).

Smith, P, Martino, D, Cai, Z, Gwary, D, Janzen, HH, Kumar, P, McCarl, B, Ogle, S, O'Mara F, Rice, C, Scholes, RJ, Sirotenko, O, Howden, M, McAllister, T, Pan, G, Romanenkov, V, Schneider, U, Towprayoon, S, Wattenbach, M e Smith, JU. 2008. Greenhouse gas mitigation in agriculture (Mitigação dos gases com efeito de estufa na agricultura). *Phil. Transactions of Royal Society* 363: 789-813.

Stavins, R.N., Richards, K.R. 2005. The Cost of U.S.Forest-Based Carbon Sequestration [O Custo do Sequestro de Carbono com Base nas Florestas dos EUA]. Arlington, VA: Pew Center on Global Climate Change.

Trumper, K. 2009. O papel dos ecossistemas na atenuação das alterações climáticas. Uma avaliação de resposta rápida do PNUA. Programa das Nações Unidas para o Ambiente, PNUA-WCMC, Cambridge, Reino Unido.

Tsegaye Tadesse. 2010. Programa de Gestão Sustentável da Eco-região de Bale.

Tulu Tolla. 2011. Estimativa do stock de carbono nas florestas da igreja: Implicações para a gestão de florestas de igreja para a redução de emissões.

UNFCCC .2006. *Relatório da Conferência das Partes na sua qualidade de reunião das Partes no Protocolo de Quioto*. Montreal, UNFCCC: 103.

UNFCCC. 2007. *Relatório da conferência das partes na sua décima terceira sessão,* Bali, Indonésia. Convenção-Quadro das Nações Unidas sobre Alterações Climáticas, Genebra.

UNFCCC. 2009. "*Status of Ratification.*" Recuperado em 20 de janeiro de 2010, de http://unfccc.int/kyoto protocol/status of ratification/items/2613.php.

Convenção-Quadro das Nações Unidas sobre as Alterações Climáticas. 2000b. Artigo 1° da Convenção-Quadro das Nações Unidas sobre as Alterações Climáticas. Programa das Nações Unidas para o Ambiente/Organização Mundial de Saúde, Nova Iorque, Nova Iorque.

Viriyabuncha, C., T. Vacharangkura e B. Doangsrisen. 2002. The evaluation system for carbon storage in forest ecosystems in Thailand (I. Aboveground biomass). Royal Forest Department, Sivilculture Research Division.

Watson, R. T., M. C. Zinyowera. 1996. Technologies, Policies and Measures for Mitigating Climate Change (Tecnologias, Políticas e Medidas para Mitigar as Alterações Climáticas). IPCC. Genebra, IPCC: 84.

Watson, RT, Zinyowera, MC e Moss, RH. 1996. Climate Change 1995: Impacts, Adaptations and Mitigation of Climate Change: *Scientific-Technical Analyses*. Contribuição do Grupo de Trabalho II para o Segundo Relatório de Avaliação do Painel Intergovernamental sobre Alterações Climáticas. Cambridge University Press, Cambridge a.o., 879 pp.

WBISPP. 2005. Um plano de estratégia nacional para o sector da biomassa. Addis Abeba, Eth.

Wibowo A, Wilson JL, Gad EF, e Lam NTK. 2010. Collapse Modelling Analysis of a Precast Soft-Storey Building in Melbourne. *Jornal de Engenharia Estrutural*, Elsevier. Edição especial: Learning Structural Failures, Vol. 32(7), julho, pp 19251936.

Yadav AS and Gupta SK 2006 Effect of micro-environment and human disturbance on the diversity of woody species in the Sariska Tiger Project in India. *Para. Ecol. Manage.* 225: 178-189.

Yamasaki, A. 2003. Uma visão geral das opções de atenuação do CO para o aquecimento global - ênfase nas opções de sequestro de CO. *Jornal de Engenharia Química do Japão*, 36: 361-375.

Yitebitu Moges, Zewdu Eshetu e Sisay. 2010. Recursos Florestais: Situação atual e opções de gestão futuras tendo em vista o acesso a financiamentos de carbono.

Zerihun Woldu. 2000. As florestas nos tipos de vegetação da Etiópia e o seu estatuto no contexto geográfico, pp. 1-48. In: Sue Edwards, Abebe Demissie, Taye Bekele & Gunther Haase (eds) Forest genetic resources conservation: principles, strategies and actions. Actas do Workshop Nacional de Desenvolvimento da Estratégia de Conservação dos Recursos Genéticos Florestais, 21-22 de junho de 1999. Addis Abeba, Etiópia.

Zhu, C., Wei, X., Zhou, G.Y.J., Wang. Wang. Liu, H., Tang.X. Zhang, Q. 2008. Impacto de um programa de reflorestação em grande escala na dinâmica de armazenamento de carbono em Guangdong, China. *Forest Fco.Manage.* 255:846-854.

APÊNDICES

Apêndice 1: Altitude, declive, latitude e longitude do sítio de estudo

Transecto	Lote n.º.	Altitude	Latitude	Longitude	Declive (%)
1	1	**2260**	0335159	1171687	10
1	2	**2308**	0335157	1171758	40
1	3	**2342**	0335298	1171871	44
1	4	**2367**	0335330	1172010	**5**
1	5	**2310**	0335321	1172181	28
1	6	**2256**	0335509	1172315	30
1	7	**2264**	0335562	1172143	15
1	8	**2274**	0335649	1172159	50
1	9	**2310**	0335614	1172023	42
1	10	**2302**	0335709	1172333	50
1	11	**2313**	0335653	1172392	40
1	12	**2321**	0335708	1172563	35
1	13	**2324**	0335732	1172501	42
1	14	**2321**	0335710	1172560	24
1	15	**2310**	0335507	1171933	45
1	16	**2303**	0335402	1171811	30
1	17	**2299**	0335763	1172565	35
1	18	**2296**	03355845	1172726	35
1	19	**2313**	0335758	1172712	32
1	20	**2318**	0335899	1172795	25
1	21	**2318**	0335964	1172917	40
Transecto 2					
2	22	**2329**	0335981	1173048	45
2	23	**2327**	0336025	1173187	30
2	24	**2339**	0336087	1173422	30
2	25	**2345**	0336228	1173545	40
2	26	**2332**	0333661	1173594	30
2	27	**2362**	0336218	1173592	25
2	28	**2372**	0336096	1173502	20
2	29	**2383**	0336089	1173415	30
2	30	**2386**	0335936	1173279	42
2	31	**2370**	0335872	1173041	10
2	32	**2363**	0335778	1172829	36
2	33	**2391**	0335614	1172596	40
2	34	**2372**	0335577	1172450	20
Transecto 3					
3	35	**2420**	0335917	1173490	5
3	36	**2415**	0336026	1173648	5
3	37	**2419**	0336170	1173999	8
3	38	**2428**	0336271	1174169	**3**
3	39	**2469**	0336407	1174297	5
3	40	**2460**	0336527	1174289	10
3	41	**2452**	0336575	1174203	20
3	42	**2444**	0335923	1173998	28
3	43	**2424**	0335864	1173891	30
3	44	**2427**	0335842	1173655	18

3	**45**	**2405**	0335806	1173492	12
3	**46**	**2424**	0335883	1173325	5
3	**47**	**2411**	0335821	1173168	15
3	**48**	**2420**	0335643	1173250	30
3	**49**	**2418**	0335532	1173038	20
3	**50**	**2417**	0335464	1172854	20
3	**51**	**2427**	0335522	1172710	**2**
3	**52**	**2417**	0335605	1172704	5
3	**53**	**2426**	0335484	1172584	**4**
3	**54**	**2456**	0335337	1172525	10
3	**55**	**2456**	0335342	1172383	5
3	**56**	**2397**	0335132	1172287	**3**
3	**57**	**2439**	0335046	1172298	20
3	**58**	**2436**	0334935	1172051	20
3	**59**	**2438**	0338005	1179115	12
3	**60**	**2424**	0334650	1171766	10
3	**61**	**2430**	0334356	1171794	10
3	**62**	**2417**	0334326	1171867	25
3	**63**	**2445**	0334228	1171762	23
3	**64**	**2414**	0334140	1171663	15
3	**65**	**2405**	0333774	1171457	15
3	**66**	**2403**	0333898	1170960	20

Apêndice 2: Código da árvore, H médio, DAP médio, AGB total (t), AGB por ha, BGB total, BGB por ha, AGC, AGC por ha e BGC por ha

Código	Média H	Média DBH	Total AGB (t)	AGB ton/ha	AGC ton/ha	Total BGB	BGB ton/ha	BGC ton/ha	AG Co2 ton/ha	BG Co2 ton/ha
1	28.91	29.83	63.81	212.71	106.35	12.76	42.54	21.27	390.32	78.06
2	28.66	24.01	35.36	252.60	126.30	7.07	50.52	25.26	463.51	92.70
3	32.36	39.10	20.43	204.30	102.15	4.09	40.86	20.43	374.88	74.98
4	18.63	26.04	45.16	72.84	36.42	9.03	14.57	7.28	133.67	26.73
5	18.21	18.22	43.53	62.19	31.10	8.71	12.44	6.22	114.12	22.82
6	17.28	16.01	22.25	65.43	32.71	4.45	13.09	6.54	120.06	24.01
7	27.67	21.61	37.67	78.49	39.24	7.53	15.70	7.85	144.02	28.80
8	21.32	22.29	12.24	122.37	61.18	2.45	24.47	12.24	224.54	44.91
9	11.83	18.24	4.11	22.81	11.40	0.82	4.56	2.28	41.85	8.37
10	11.47	11.33	1.81	15.06	7.53	0.36	3.01	1.51	27.64	5.53
11	7.02	7.21	0.67	4.82	2.41	0.49	0.96	0.48	8.84	1.77
12	9.98	13.65	2.47	12.35	6.18	0.67	2.47	1.24	22.66	4.53
13	12.63	13.65	3.33	55.42	27.71	0.01	11.08	5.54	101.70	20.34
14	7.00	5.90	0.04	1.02	0.51	0.07	0.20	0.10	1.88	0.38
15	5.50	6.92	0.33	2.36	1.18	0.63	0.47	0.24	4.32	0.86
16	21.50	25.59	3.14	78.60	39.30	0.61	15.72	7.86	144.22	28.84
17	13.88	17.98	3.04	25.37	12.68	0.02	5.07	2.54	46.55	9.31
18	5.33	9.45	0.10	5.19	2.59	0.02	1.04	0.52	9.52	1.90
19	19.50	6.69	0.08	2.12	1.06	0.01	0.42	0.21	3.89	0.78
20	9.50	8.52	0.05	1.36	0.68	0.35	0.27	0.14	2.50	0.50
21	9.14	9.71	1.73	7.86	3.93	0.00	1.57	0.79	14.42	2.88
22	8.00	5.73	1.00	49.92	24.96	0.20	9.98	4.99	91.61	18.32
23	13.70	15.99	1.23	30.75	15.37	0.25	6.15	3.07	56.42	11.28
24	18.67	16.46	3.94	98.60	49.30	0.79	19.72	9.86	180.93	36.19
25	20.67	32.91	0.27	13.30	6.65	0.05	2.66	1.33	24.40	4.88
26	9.21	9.14	0.27	2.22	1.11	0.00	0.44	0.22	4.07	0.81
27	3.00	6.37	0.24	12.09	6.05	0.05	2.42	1.21	22.19	4.44
28	12.50	19.11	0.11	5.29	2.64	0.02	1.06	0.53	9.70	1.94
29	7.00	11.15	0.64	32.16	16.08	0.13	6.43	3.22	59.02	11.80
30	16.50	20.38	0.13	3.26	1.63	0.03	0.65	0.33	5.98	1.20
31	12.00	15.29	0.41	20.69	10.34	0.08	4.14	2.07	37.96	7.59
32	9.93	9.55	0.41	5.17	2.59	0.08	1.03	0.52	9.49	1.90
33	10.17	24.52	2.43	121.33	60.67	0.49	24.27	12.13	222.65	44.53

Apêndice 3: Análises laboratoriais para a determinação do carbono das camas.

Camp o não	A	B	C	D	E	F	G	H	I	J	K	L	m
2	17.07	19.17	18.97	17.32	1.9	1.66	2.1	0.11	13.16	87.27	50.37	5.47	20.07
3	17.7	21.14	19.95	18.23	2.24	1.72	3.44	0.08	23.56	76.5	44.34	3.44	12.61
5	13.7	15.25	15.3	13.76	1.53	1.34	1.55	0.12	3.75	87.24	55.83	6.78	24.87
6	10.04	14.05	11.88	10.42	1.83	1.45	4.01	0.06	20.65	79.23	46.02	2.84	10.41
8	13.51	15.23	15.07	13.7	1.56	1.36	1.72	0.12	12.18	87.39	50.94	6.10	22.38
9	10.15	11.64	11.5	10.32	1.35	1.17	1.49	0.11	12.59	86.91	50.70	5.74	21.07
10	10.69	12.79	12.59	10.95	1.89	1.64	2.1	0.13	13.68	86.62	50.06	6.31	23.15
11	13.29	15.65	15.43	13.61	2.14	1.82	2.36	0.14	14.95	85.06	49.33	6.66	24.46
12	13.82	15.36	15.21	14.06	1.4	1.15	1.54	0.12	17.27	82.12	47.99	5.63	20.65
13	13.33	15.11	14.93	13.61	1.61	1.32	1.78	0.15	17.50	82.38	47.85	7.14	26.21
14	13.74	15.02	14.9	13.95	1.18	0.95	1.28	0.10	18.10	82.1	47.50	4.82	17.68
17	14.3	15.82	15.68	14.62	1.38	1.06	1.52	0.14	23.19	76.7	44.55	6.03	22.12
18	13.1	14.89	14.72	13.31	1.62	1.41	1.79	0.14	12.96	86.89	50.48	7.04	25.82
19	13.31	15.86	15.75	14.54	1.4	1.18	2.55	0.11	50.41	84.3	28.76	3.08	11.30
22	14.05	16.27	16	14.48	1.96	1.52	2.22	0.11	22.05	77.87	45.21	5.15	18.90
23	13.7	15.42	15.24	14.08	1.53	1.36	1.72	0.12	24.68	75.4	43.69	5.40	19.82
24	14.11	16.1	15.86	14.35	1.75	1.51	1.99	0.13	13.71	86.45	50.05	6.34	23.26
25	13.81	15.23	15.09	14	1.25	1.09	1.42	0.12	14.84	85.47	49.39	5.91	21.70
27	13.67	15.83	15.73	14	2.06	1.78	2.16	0.15	16.02	86.09	48.71	7.20	26.43
28	13.45	15.05	14.98	13.68	1.54	1.31	1.6	0.13	15.03	85.4	49.28	6.40	23.50
29	14.75	15.88	15.02	15.05	1.07	0.77	1.13	0.14	111.11	72.04	6.44	0.90	3.31
32	12.87	14.41	14.34	13.09	1.47	1.25	1.54	0.14	14.97	85.06	49.32	6.87	25.23
33	8.42	10.31	10.21	8.63	1.79	1.58	1.89	0.13	11.73	88.36	51.20	6.55	24.02
34	14.15	15.86	15.77	14.36	1.63	1.41	1.71	0.12	12.96	86.78	50.48	6.21	22.78
35	13.53	15.64	15.57	13.61	2.03	1.95	2.11	0.15	3.92	95.71	55.73	8.52	31.28
37	11.02	12.09	12.99	11.1	1.97	1.8	1.07	0.23	4.06	95.72	55.64	12.91	47.37
39	11.05	13.38	13.28	11.16	2.23	2.02	2.33	0.20	4.93	95.11	55.14	11.08	40.67
40	10.3	12.3	12.26	10.39	1.92	1.86	2	0.17	4.59	95.06	55.34	9.46	34.70
46	7.61	9.24	9.17	7.7	1.36	1.44	1.63	0.16	5.77	94.1	54.65	8.66	31.80
50	13.44	15.84	15.74	13.57	2.29	2.18	2.4	0.19	5.65	94.71	54.72	10.44	38.32
51	10.17	11.67	11.61	10.25	1.44	1.38	1.5	0.18	5.56	94.16	54.78	9.94	36.48
52	9.61	11.67	11.58	10.17	1.67	1.51	2.06	0.12	28.43	86.14	41.51	5.01	18.40
53	10.03	11.56	11.48	10.15	1.44	1.32	1.53	0.14	8.28	91.67	53.20	7.66	28.12
55	9.87	11.35	11.28	9.96	1.42	1.32	1.48	0.13	6.38	93.42	54.30	6.82	25.05
58	10.89	12.01	11.95	11	1.06	0.95	1.12	0.12	10.38	90.14	51.98	6.20	22.75
59	10.46	11.75	11.68	10.59	1.22	1.09	1.29	0.15	10.66	89.76	51.82	7.55	27.70
61	9.37	11.07	10.99	9.85	1.29	1.14	1.7	0.09	29.63	88.14	40.81	3.78	13.87
64	10.34	11.5	11.44	10.46	1.1	0.98	1.16	0.14	10.91	88.65	51.67	7.30	26.79
65	10.1	11.05	11	10.25	0.9	0.75	0.95	0.11	16.67	83.99	48.33	5.31	19.49

Campo n.o , A=peso do cadinho vazio= cadinho vazio + amostra húmida= cadinho vazio + amostra seca,D=perda de peso=peso da amostra húmida F=Biomassa de folhada,

I=Ash=percentagem de OM,K=percentagem de OC, L=Biomassa de folhada e M=LCO2.

Nota: - Os números dos campos em falta na tabela acima foram considerados como zero stocks de carbono de folhada, uma vez que não foi recolhida folhada nessas parcelas.

Apêndice 4: Análises laboratoriais para determinação do carbono orgânico do solo e da densidade aparente.

Campo Não	profundidade (cm)	Volume (m l)	peso da amostra seca (g)	Densidade a granel (g/cm3)	%OC	SOC	SOCO2
1	30	70ml	73.8	1.1	2.84	93.720	343.95
2	>>	>>	67.7	0.97	3.74	108.834	399.42
3	>>	>>	68.8	0.98	3.51	103.194	378.72
4	>>	>>	65.9	0.94	2.46	69.372	254.60
5	>>	>>	73.5	1.1	2.88	95.040	348.80
6	>>	>>	64.3	0.92	2.84	78.384	287.67
7	>>	>>	67.5	0.96	2.1	60.480	221.96
8	>>	>>	65.5	0.94	2.34	65.988	242.18
9	>>	>>	69.1	0.99	2.03	60.291	221.27
10	>>	>>	70.8	1.01	2.22	67.266	246.87
11	>>	>>	69.8	1	2.53	75.900	278.55
12	>>	>>	69.2	0.99	1.99	59.103	216.91
13	>>	>>	73.1	1.04	2.42	75.504	277.10
14	>>	>>	76	1.1	2.77	91.410	335.47
15	>>	>>	69.8	1	2.65	79.500	291.77
16	>>	>>	69.6	0.99	1.99	59.103	216.91
17	>>	>>	69	0.99	3.51	104.247	382.59
18	>>	>>	69.1	0.99	2.84	84.348	309.56
19	>>	>>	72.6	1.04	2.53	78.936	289.70
20	>>	>>	69.2	1	2.3	69.000	250.70
21	>>	>>	73.3	1.05	3.59	113.085	415.02
22	>>	>>	64.6	0.92	2.88	79.488	291.72
Campo Não	profundidade (cm)	Volume (m l)	peso da amostra seca (g)	Densidade a granel (g/cm3)	%OC	SOC	SOCO2
23	>>	>>	69.1	0.99	2.53	75.141	275.77
24	>>	>>	74	1.1	1.83	60.390	221.63
25	>>	>>	68.1	0.97	3.43	99.813	366.31
26	>>	>>	78.9	1.13	2.07	70.173	257.53
27	>>	>>	72.8	1.1	3.43	113.190	415.41
28	>>	>>	68.7	1	2.07	62.100	227.91
29	>>	>>	67.1	0.96	3.43	98.784	362.54
30	>>	>>	74	1	3.74	112.200	411.77
31	>>	>>	73.5	1.1	2.73	90.090	330.63
32	>>	>>	73.2	1.1	2.73	90.090	330.63
33	>>	>>	73.0	1.1	2.81	92.730	340.32
34	>>	>>	75.9	1.1	3.82	126.060	462.64
35	>>	>>	73.8	1.1	3.12	102.960	377.86
36	>>	>>	74.7	1.1	4.83	159.390	584.96
37	>>	>>	70.7	0.99	4.44	131.868	483.96

38	>>	>>	70.5	0.99	4.21	125.037	458.89
39	>>	>>	70.8	1	2.57	77.100	282.96
40	>>	>>	71.5	1	3.27	98.100	360.03
41	>>	>>	69.0	1	2.42	72.600	266.44
42	>>	>>	74.0	1.1	4.44	146.520	537.73
43	>>	>>	76.1	1.1	4.44	146.520	537.73
44	>>	>>	72.3	1.1	2.65	87.450	320.94
45	>>	>>	69.7	1	3.59	107.700	395.26
46	>>	>>	69.5	1	4.99	149.700	549.40
47	>>	>>	70.5	1	2.81	84.300	309.38
48	>>	>>	70.9	1	3.43	102.900	377.64
49	>>	>>	68.2	1.1	3.59	118.470	434.78
50	>>	>>	62.8	0.95	3.59	102.315	375.50
51	>>	>>	65.5	0.98	4.05	119.070	436.99
52	>>	>>	72.9	1	3.74	112.200	411.77
53	>>	>>	83.7	0.97	5.69	165.579	607.67
54	>>	>>	84.5	0.97	3.51	102.141	374.86
55	>>	>>	77.8	1	4.05	121.500	445.91
56	>>	>>	88.2	1	4.91	147.300	540.59
57	>>	>>	81.7	1	4.05	121.500	445.91
58	>>	>>	74.3	0.96	4.6	132.480	486.20
59	>>	>>	81.6	1	5.92	177.600	651.79

Campo Não	profundidade (cm)	Volume (m l)	peso da amostra seca (g)	Densidade a granel (g/cm3)	%OC	SOC	SOCO2
60	>>	>>	83.4	1.1	5.53	182.490	669.74
61	>>	>>	82.4	0.98	3.59	105.546	387.35
62	>>	>>	86.1	1	3.66	109.800	402.97
63	>>	>>	83.5	0.98	3.2	94.080	345.27
64	>>	>>	71.8	1	4.6	138.000	506.46
65	>>	>>	77.7	1	2.96	88.800	325.90
66	>>	>>	86.3	1	3.66	109.800	402.97

Apêndice 5: Resumo de AGB, AGC, BGB, BGC, AGCO2 e BGCO2 (em toneladas por hectare)

Lote n	Média DBH	AGB (ton/ha)	AGC (ton/ha)	BGB ton/ha)	BGC (ton/ha)	AGCO2 (ton/ha)	BGCO2 (ton/ha)
1	32.93	959.823	479.912	191.965	95.982	1761.276	352.255
2	17.69	188.741	94.371	37.748	18.874	346.340	69.268
3	9.67	48.333	24.166	9.667	4.833	88.691	17.738
4	30.80	908.419	454.210	181.684	90.842	1666.949	333.390
5	12.30	165.849	82.925	33.170	16.585	304.333	60.867
6	17.29	209.847	104.924	41.969	20.985	385.069	77.014
7	30.16	472.623	236.312	94.525	47.262	867.263	173.453
8	21.79	244.491	122.245	48.898	24.449	448.641	89.728
9	19.87	252.246	126.123	50.449	25.225	462.871	92.574
10	24.72	330.897	165.448	66.179	33.090	607.195	121.439
11	23.02	192.384	96.192	38.477	19.238	353.025	70.605
12	20.59	214.372	107.186	42.874	21.437	393.372	78.674
13	22.37	95.168	47.584	19.034	9.517	174.633	34.927
14	26.39	315.052	157.526	63.010	31.505	578.120	115.624
15	17.38	131.445	65.722	26.289	13.144	241.201	48.240
16	26.40	439.194	219.597	87.839	43.919	805.921	161.184
17	22.13	233.025	116.512	46.605	23.302	427.600	85.520
18	21.07	151.827	75.913	30.365	15.183	278.602	55.720
19	22.14	194.403	97.202	38.881	19.440	356.730	71.346
20	22.93	176.174	88.087	35.235	17.617	323.278	64.656
21	21.46	204.029	102.015	40.806	20.403	374.393	74.879
22	18.29	171.089	85.545	59.738	29.869	313.949	109.620
23	20.54	177.918	88.959	35.584	17.792	326.480	65.296
24	15.51	122.427	61.213	47.661	23.831	224.653	87.458
25	16.11	156.783	78.392	31.357	15.678	287.697	57.539
26	14.78	104.799	52.399	20.960	10.480	192.306	38.461
Lote n	Média DBH	AGB (ton/ha)	AGC (ton/ha)	BGB ton/ha)	BGC (ton/ha)	AGCO2 (ton/ha)	BGCO2 (ton/ha)
27	11.93	149.025	74.513	29.805	14.903	273.461	54.692
28	16.15	146.361	73.180	28.937	14.468	268.572	53.099
29	15.89	150.818	75.409	30.164	15.082	276.752	55.350
30	7.46	24.372	12.186	4.874	2.437	44.722	8.944
31	23.37	233.415	116.707	46.683	23.341	428.316	85.663
32	18.54	155.051	77.526	31.010	15.505	284.519	56.904
33	15.03	102.856	51.428	20.571	10.286	188.740	37.748
34	20.53	159.478	79.739	31.896	15.948	292.642	58.528
35	21.86	220.940	110.470	44.188	22.094	405.425	81.085
36	25.09	182.357	91.179	36.471	18.236	334.626	66.925
37	18.89	182.459	91.230	36.492	18.246	334.813	66.963
38	24.03	288.395	144.197	57.679	28.839	529.205	105.841
39	27.56	385.892	192.946	77.178	38.589	708.112	141.622
40	24.27	250.079	125.040	50.016	25.008	458.896	91.779
41	23.91	395.462	197.731	79.092	39.546	725.672	145.134

42	22.47	262.920	131.460	52.584	26.292	482.458	96.492
43	27.39	222.160	111.080	44.432	22.216	407.664	81.533
44	22.59	137.663	68.832	27.533	13.766	252.612	50.522
45	16.01	61.158	30.579	12.677	6.338	112.226	23.262
46	21.32	172.522	86.261	34.504	17.252	316.577	63.315
47	28.80	289.961	144.980	57.992	28.996	532.078	106.416
48	18.79	109.494	54.747	21.899	10.949	200.922	40.184
49	22.99	288.363	144.181	57.673	28.836	529.146	105.829
50	21.44	239.366	119.683	47.873	23.937	439.236	87.847
51	21.37	292.441	146.221	58.488	29.244	536.630	107.326
52	22.13	446.965	223.483	89.393	44.697	820.181	164.036
53	19.38	288.296	144.148	57.659	28.830	529.023	105.805
54	21.16	163.744	81.872	32.749	16.374	300.470	60.094
55	19.52	338.085	169.043	67.617	33.809	620.387	124.077
56	22.78	159.895	79.948	31.979	15.990	293.407	58.681
57	21.05	583.178	291.589	116.636	58.318	1070.132	214.026
58	16.59	201.252	100.626	40.250	20.125	369.297	73.859
59	16.54	95.054	47.527	19.011	9.505	174.423	34.885
60	21.20	212.184	106.092	42.437	21.218	389.358	77.872
61	16.97	372.793	186.397	73.570	36.785	684.076	135.001
62	22.59	126.155	63.078	25.231	12.616	231.495	46.299
63	21.31	101.423	50.712	20.285	10.142	186.112	37.222
64	14.74	207.148	103.574	41.430	20.715	380.116	76.023
65	17.93	235.588	117.794	47.118	23.559	432.304	86.461
Lote n	Média DBH	AGB (ton/ha)	AGC (ton/ha)	BGB ton/ha)	BGC (ton/ha)	AGCO2 (ton/ha)	BGCO2 (ton/ha)
66	21.11	327.622	163.811	65.524	32.762	601.186	120.237
TOTAL		15823.75	7911.87	3212.57	1606.28	29036.58	5895.06

Apêndice 6: Resumo do H médio das espécies, DAP médio, AGB total, AGB/ha, BGB/ha, AGC total, AGC/ha, BGC e BGC/ha (por espécie)

Árvore Código	Nome científico	média H	média DBH	agb/ ha	bgb/ ha	AGC/ ha	BGC/ ha
1	*Eucalipto globuls*	28.91	29.83	106.35	21.27	53.18	10.64
2	*Eucalipto citriodora*	28.54	23.97	127.47	25.49	63.73	12.75
3	*Eucalipto camaldulensis*	32.36	16.6	102.15	20.43	51.07	10.21
4	*Acácia abissínia*	18.72	26.37	36.59	7.32	18.30	3.66
5	*Croton macrostachyus*	18.17	18.15	20.72	4.14	10.36	2.07
6	*Albizia schimperiana*	17.28	16.01	16.28	3.26	8.14	1.63
7	*Cupressus lusitanica*	27.8	11.92	75.99	15.20	38.00	7.60
8	*Acacia mearnsii* De Willd	21.18	22.23	59.78	11.96	29.89	5.98
9	*Acácia abissínia*	11.83	18.24	11.26	2.25	5.63	1.13
10	*Bersama abyssinica*	11.35	10.44	9.32	1.86	4.66	0.93
11	*Calpurniaauriea (Ait.) Benth*	7.02	7.32	2.31	0.46	1.15	0.23
12	*Buddleja polystachya*	9.85	13.64	5.90	1.18	2.95	0.59
13	*Buddleja polystachya*	12.63	13.65	19.46	3.89	9.73	1.95
14	*Carissa spinarum*	7	5.9	0.51	0.10	0.26	0.05
Árvore Código	**Nome científico**	**média H**	**média DBH**	**agb/h a**	**bgb/h a**	**AGC/ ha**	**BGC/ ha**
15	*Clausena anisata*	5.5	6.92	1.18	0.24	0.59	0.12
16	*Prunusafricana* (Hochst.ex A.Rich.) Harms	21.5	25.56	39.30	7.86	19.65	3.93
17	*Maytenus senegalensis* (Lam.) Exell	13.89	17.98	13.29	2.66	6.65	1.33
18	*Maytenus ovatus*	5.33	9.24	2.59	0.52	1.30	0.26

19	*Rosa abyssinica*	19.5	6.69	1.06	0.21	0.53	0.11
20	*Maytenus arbutifolia*	9.5	9.2	0.83	0.17	0.41	0.08
21	*Measa lanceolata Forsk*	9.14	11.08	3.93	0.79	1.96	0.39
22	*Terminalia schimperiana*	8	5.73	0.49	0.10	0.25	0.05
23	*Allophylus abyssinicus* (Hochst.) Redlk.	13.7	15.99	12.48	2.50	6.24	1.25
24	*Ficus sur.*	18.67	16.46	15.37	3.07	7.69	1.54
25	*Erythrina brucei*	20.67	32.91	98.60	19.72	49.30	9.86
26	*Olinia rochetiana*	9.21	9.14	1.11	0.22	0.55	0.11
27	*Protea gaguedi*	3	6.37	0.49	0.10	0.25	0.05
28	*Scheffleriaabyssinica* Hochst.ex A.Rich.) Harms	12.5	19.11	6.05	1.21	3.02	0.60
29	*Dovialisabyssinica* (A.Rich.)Warb	7	11.15	7.37	1.47	3.68	0.74
30	*Schreberaalata*(Hochst.) Welw	16.5	20.38	8.04	1.61	4.02	0.80
31	*Ritchia albersii Gilg*	12	15.29	3.26	0.65	1.63	0.33
32	*Rothmanniaurcelliformis* (Hiern) Robyns	9.93	12.19	2.59	0.52	1.29	0.26
33	*Flacourtiaindica* (Burmif.) Merr.	10.17	24.52	60.67	12.13	30.33	6.07

Apêndice 7: Resultados da análise ONE WAY ANOVA dos diferentes reservatórios de carbono em função dos gradientes das variáveis ambientais (altitude e declive).

ONEWAY AGC BGC SOC LC POR declive / ANÁLISE DE FALTA.

ANOVA

		Soma de quadrados	df	Quadrado médio	F	Sig.
AGC	Entre grupos	136131.249	22	6187.784	.909	.585
	Dentro dos grupos	292669.201	43	6806.260		
	Total	428800.451	65			
BGC	Entre grupos	5177.192	22	235.327	.858	.643
	Dentro dos grupos	11798.456	43	274.383		
	Total	16975.648	65			
SOC	Entre grupos	22389.091	22	1017.686	1.244	.264
	Dentro dos grupos	35179.493	43	818.128		
	Total	57568.584	65			
LC	Entre grupos	288.508	22	13.114	1.178	.316
	Dentro dos grupos	467.395	42	11.128		
	Total	755.902	64			

ONEWAY AGC BGC LC SOC POR Altitude / ANÁLISE DE FALTA.

ANOVA

		Soma de quadrados	Df	Quadrado médio	F	Sig.
AGC	Entre grupos	399747.119	51	7838.179	3.777	.004
	Dentro dos grupos	29053.332	14	2075.238		
	Total	428800.451	65			
BGC	Entre grupos	15817.095	51	310.139	3.748	.005
	Dentro dos grupos	1158.553	14	82.754		
	Total	16975.648	65			
SOC	Entre grupos	51706.814	51	1013.859	2.421	.036
	Dentro dos grupos	5861.771	14	418.698		
	Total	57568.584	65			
LC	Entre grupos	548.173	50	10.963	.739	.788
	Dentro dos grupos	207.729	14	14.838		
	Total	755.902	64			

ONEWAY AGC BGC POR DBH / ANÁLISE EM FALTA.

ANOVA

	Soma Quadrados	Df	Quadrado médio	F	Sig.
AGC entre grupos	423062.499	63	6715.278	2.341	.346
Dentro dos grupos	5737.952	2	2868.976		
Total	428800.451	65			
BGCEntre grupos	16746.114	63	265.811	2.316	.349
Dentro dos grupos	229.534	2	114.767		
Total	16975.648	65			

Printed by Books on Demand GmbH, Norderstedt / Germany